Klimawechsel

Rot-Grün ist an der Regierung: Alles klar für die Ökologie? So haben manche vielleicht gedacht. Tatsächlich ist die Entwicklung widersprüchlich. Einerseits werden Gesetzesinitiativen für eine nachhaltige Energieversorgung ergriffen, andererseits ein Weltmarkt beschworen, der Wachstum fordert und den Energieverbrauch systematisch höher treibt. Einerseits wissen alle alles über die ökologischen Probleme, quer durch alle Parteien und Gruppen bekennt man sich zu ihrer Bekämpfung, andererseits regt kaum jemanden mehr die Tatsache auf, dass die vorausgesagten Klima- und Umweltkatastrophen tatsächlich eintreffen.

Warum setzt die Politik noch immer keine eindeutige ökologische Priorität? Warum fordert der Wissenschaftsbetrieb noch immer nicht Milliardenprogramme für die Erforschung und Entwicklung solarer Technologien, wie es bei Raumfahrt, Atom- oder Genforschung stets der Fall war? Warum fehlt einem Großteil der Medien die Neugierde auf das vorhandene solare Potenzial? Warum wird der Energienotstand der Dritten Welt, der nur mit erneuerbaren Energien überwunden werden kann, komplett ignoriert? Und warum bauen Architekten noch immer fossile Energieschleudern statt Häuser, die selbst Energie produzieren? Die Interessen der Energiewirtschaft allein können nicht Ursache für all diese Versäumnisse sein.

Offenkundig gibt es mentale Barrieren, die im Kulturverhalten gründen. Carl Amery und Hermann Scheer sind beide Protagonisten des ökologischen Weltthemas. Im Gespräch mit Christiane Grefe ergründen sie die Kultur des gefährlichen Beharrens. Ein überfälliger Beitrag zur Umweltdebatte, die nach dreißig Jahren auf der Stelle tritt.

Carl Amery / Hermann Scheer

KLIMAWECHSEL

Von der fossilen zur solaren Kultur

Ein Gespräch mit Christiane Grefe

Verlag Antje Kunstmann

Es diskutieren:

Carl Amery, geboren 1922, Schriftsteller. 1976/77 Vorsitzender des Verbands deutscher Schriftsteller, 1988-1991 Präsident des deutschen PEN-Zentrums.
Autor u.a. von »Der Wettbewerb« (1954), »Die Kapitulation oder Deutscher Katholizismus heute« (1955), »Das Ende der Vorsehung« (1972), »Natur als Politik (1974), »Die Botschaft des Jahrtausends« (1995), »Hitler als Vorläufer. Auschwitz als Beginn des 21. Jahrhunderts« (1998).
1967 Ludwig-Thoma-Medaille, 1984 Bayerischer Friedenspreis, 1988 Naturschutzpreis, 1991 Münchener Literaturpreis.

Hermann Scheer, geboren 1944, Wirtschafts- und Sozialwissenschaftler. Seit 1980 Bundestagsabgeordneter. Seit 1988 ehrenamtlicher Präsident von EUROSOLAR, der Europäischen Vereinigung für Erneuerbare Energien.
Autor u.a. von »Sonnenstrategie« (1993), »Zurück zur Politik« (1995), »Solare Weltwirtschaft« (1999).
1998 Weltsolarpreis, 1999 Alternativer Nobelpreis, 2000 Weltpreis für Bio-Energie.

Christiane Grefe, geboren 1957, Redakteurin im Berliner Büro der ZEIT.

INHALT

Vorwort: Geht uns aus der Sonne!

von Christiane Grefe

Ein Plädoyer für »Klimawechsel« und »solare Kultur« – warum jetzt auch das noch? Wollen da zwei Ökopioniere längst weit geöffnete Türen einrennen? Denn dass gegen die Gefährdung des Globus durch Energieemissionen dringend etwas getan werden muss, hat sich doch längst herumgesprochen; auch schlägt das Herz einer Bevölkerungsmehrheit inzwischen durchaus für die Sonnenenergie. Und sind nicht Rot und Grün an der Regierung, schaukeln den Atomkonsens, verabschieden das Erneuerbare Energie-Gesetz, versuchen die Agrar-, überhaupt die sozial-ökologische Wende? Also: Alles klar doch für die Ökologie!

Tatsächlich ist die ganze Entwicklung widersprüchlich – gelinde gesagt.

- Einerseits wissen tatsächlich alle alles über die weltweite Energie- und Ökologiekrise, deren Dramatik zum Auftakt des Jahres 2001 wieder von der UN-Umweltbehörde UNEP und vom International Panel on Climate Change, IPCC, bestätigt wurde, und quer durch die Parteien und Institutionen bekennt man sich zu ihrer Bekämpfung – andererseits hat sich die Öffentlichkeit scheinbar auch daran gewöhnt, dass die vorausgesagten Klima- und Umweltkatastrophen, dass Dürren, Stürme tatsächlich eintreffen, und das Tempo politischer Schritte hält der Geschwindigkeit nicht stand, mit der Arten schwinden, Ressourcen von Öl bis Wasser zur Neige gehen, Emissionen zunehmen und auch die Zahl der Menschen wächst, die diese Zerstörung fliehen.
- Einerseits häufen sich Weltklima-, Weltwüsten- und Welt-

artenschutzkonferenzen – andererseits wird eine globalisierte Industrialisierung und ein sperrangeloffener Weltmarkt gepflegt, die den Energieverbrauch systematisch in die Höhe treiben, unkritisch wird wieder das Wachstum als ökonomisches Allheilmittel beschworen – ein Rückfall in das Denken der 70er Jahre. Und selbst die grüne Partei möchte bitte nicht mehr auf die Ökologie »reduziert« werden; auch sie braucht erst Katastrophen wie den BSE-Gau, um zu ihren ureigenen Anliegen zurückzukehren.

- Einerseits wurde schon vor Rot-Grün ein eindrucksvoller Apparat aus Umweltbehörden, -instituten, -beauftragten, -gesetzen aufgebaut – andererseits verstellt der Blick auf Details die Wahrnehmung grundlegender Strukturen, und viele Probleme verlagern sich nur: aus der Luft in Wasser und Boden, von hier in andere Länder, aus den Augen, aus dem Sinn.

- Einerseits werden durchaus Gesetzesinitiativen für eine nachhaltige Energieversorgung ergriffen – andererseits ein liberalisierter Strommarkt auch für schmutzige Energien begrüßt, der in Kalifornien bereits zum Versorgungskollaps beigetragen hat und das vielfach beschworene Ziel der Nachhaltigkeit konterkariert: »Yello-Strom«, so die bemerkenswert offene Werbung, »ist so günstig, dass Sie beim Sex wieder das Licht anlassen können.«

Immer breiter wird also die Kluft zwischen Wissen und Handeln, zwischen den Dimensionen erkannter Gefahren und jenen ihrer politischen Bekämpfung. Die Lage schreit nach neuen Lösungsansätzen – und das setzt eine neue Analyse voraus, die bisher vernachlässigte Aspekte der Ökologiedebatte einbezieht.

»One-issue-man«, so nennen viele den »Solarfighter« Hermann Scheer; einen, der ein einziges, »sein« Thema verfolgt. Manche finden den SPD-Parlamentarier und Präsidenten von EUROSOLAR dabei penetrant, andere bewundernswert hartnäckig. Doch dass Scheers »one issue« in Wahrheit viele Dimensionen in sich trägt, noch dazu solche mit Katalysatorwirkung, haben beide Seiten nicht erkannt. Dem Handeln des 1999 mit dem Alternativen Nobelpreis ausgezeichneten Politikers liegt – aus Sorge um den Fortbestand eines lebenswerten Globus – eine Überzeugung zugrunde, die sein Gesprächspartner Carl Amery teilt: dass die Solarenergie (unter der alle erneuerbaren Energien verstanden werden) nicht nur einen kleinen Teil der bisherigen Energieversorgung ersetzen, sondern die fossilen und atomaren Energien komplett ablösen soll. Die Begründung für diesen radikalen Ansatz: Erst die Dezentralisierungslogik, welche der technologischen Nutzung von Sonnenlicht und -wärme, Wind, Wasser und Biomasse innewohnt, werde alle Chancen – auch die ökonomischen und demokratiepolitischen – des sozialökologischen Strukturwandels eröffnen. Als Ziel im Interesse einer weltweit gerechten Ökonomie und intakten Natur steht also die »Hundertprozent-Lösung« vor Augen, wie Scheer sie in seinem Buch »Solare Weltwirtschaft« beschrieben hat und auch Amery in seinem Buch »Die Botschaft des Jahrtausends« für notwendig erklärt.

Gewiss sind diese Thesen umstritten und die solare Ökonomie ist wenn, dann erst langfristig erreichbar (weshalb praktische Schritte umso dringlicher schon heute eingeleitet werden müssten); gewiss sind deren Konsequenzen nicht nur für die Förderung des »one issue«, sondern ebenso für die Wirtschafts-, Bau-, Europa-, Entwicklungs- oder Landwirtschaftspolitik einschneidend, provozierend und häufig konfliktträchtig. Aber die Perspektive ist faszinierend. Umso erstaunlicher, wie verhalten politische und gesellschaftliche Gruppen, ja selbst viele ökologisch Engagierte, Energiepolitiker und Naturschützer auf die konsequente solare Perspektive (und auf manche der jetzt notwendigen praktischen Schritte in diese Richtung) reagieren und sich weiterhin darauf beschränken, für ökologischen Landbau, Solarenergie und jede andere Alternative nur die Nischen zu vergrößern.

Warum fehlt einem Großteil der Medien, auch der Intellektuellen, die Neugierde auf das Lösungspotenzial einer gänzlich solaren Energieversorgung? Warum setzt die Politik hier noch immer keine eindeutige Priorität? Warum fordert der Wissenschaftsbetrieb keine Milliardenprogramme für die Erforschung und Entwicklung solarer Technologien; und das, obwohl die Solartechnik allein mit der Risikobereitschaft einzelner Unternehmer und gegen Widerstände ihre Chancen und Überlegenheit längst demonstriert hat? Warum wird der Energienotstand der Dritten Welt, der nur mit erneuerbaren Energien schnell und gerecht überwunden werden kann, komplett ignoriert? Kurz: Warum kommt die Sonne noch immer nicht ganz durch?

Dass die Interessen der atomar und fossil beherrschten und herrschenden Energiewirtschaft einer solaren Wende vehement entgegenstehen, liegt auf der Hand. Doch sie allein können nicht Ursache für all diese Versäumnisse sein. Offenkundig gibt es darüber hinaus *mentale* Barrieren, Konventionen des Denkens, die – so die zentrale These dieses Buchs – im Kulturverhalten gründen. Seine Absicht ist es, diese kulturellen Barrieren und ihre Brisanz aufzuzeigen.

Wie definiert sich überhaupt Kultur aus ökologischer Sicht? Wie blockieren die Kulturen der Wissenschaft und Politik, wie Denken, Werte, Moden, Wahrnehmung, Sprache und Konsum dieser Gesellschaft ihre konsequente Ökologisierung? Wie könnte sie aussehen: eine solare Kultur? Diese Fragen haben Hermann Scheer und der langjährige »Ökologist« Carl Amery eine Woche lang intensiv ergründet. Inspiriert vom Genius loci: einer energieautarken Almhütte im österreichischen Lecknertal. Dort wurden die Bauernfamilien, statt sich kostspielig und abhängig mit Leitungen und Masten zu elektrifizieren, zur Avantgarde: Ihre Häuser, die Melk- und Kühlungsanlagen betreiben sie komplett dezentral, mit Biomasse und Photovoltaik.

Naturgemäß gibt es im Gespräch zwischen Carl Amery und Hermann Scheer mehr Grund zum gemeinsamen Nachdenken als zum Streiten, denn beide sind – der eine als politischer Schriftsteller, der andere als schreibender Politiker – seit langem Protagonisten des ökologischen Weltthemas. Die Spannung erwächst aus den unterschiedlichen, einander ergänzenden, reibenden oder beflügelnden Denktraditionen: Der eine ist grüner Sozialdemokrat – der andere grüner Sozialkatholik. Der eine ist strategisch-analytischer politischer Konzeptkünstler – der andere immer auch literarisch-assoziativ denkender Intellektueller.

Aber streitlustig und streitbar sind sie umso mehr: Beide sind zornige junge Männer (Carl Amery trotz seiner 78 Jahre), die sich wider den Zeitgeist nicht scheuen, beispielsweise den medialen Werberausch Verblödung zu nennen und den nackten Ökonomismus eine Beleidigung für Verstand und Moral. Und beide haben in der Ökologiefrage einen so langen Atem, dass sie wissen: Politik bewegt gar nichts ohne Druck. Also teilen sie auch aus, provozieren, viele werden sich ärgern. Doch über Scheers und Amerys Thesen zu den kulturellen Barrieren des Umdenkens zu streiten ist ein längst überfälliger Beitrag zur Ökologiedebatte, die nach dreißig Jahren auf der Stelle tritt.

1 DIE POLITIK DER SALVIERENDEN FORMELN

Warum sich die Menschen lieber selbst
beschwichtigen, als Strukturen zu ändern

GREFE: Warum beschäftigt sich ein Politiker, dessen Wirken in erster Linie um die Energiefrage kreist, mit der Rolle der Kultur?

SCHEER: Ich erlebe immer wieder, dass naturwissenschaftliche Argumente nicht ausreichen, um vom einzig möglichen, naturwissenschaftlich begründbaren Ausweg aus der weltweiten ökologischen Krise zu überzeugen: dem ebenfalls weltweiten ausschließlichen Einsatz der erneuerbaren Energien und der vollständigen Ablösung der fossilen. Auch weite Teile der Ökologiebewegung sind unbewusst semi-ökologisch, solange sie nicht erkennen, dass sie in allererster Linie Solarbewegung sein müssen. Denn alle Umweltprobleme resultieren aus der Umwandlung und Verbrennung fossiler Stoffe; ich nenne das Pyromanie. Warum also ist die Solarenergie in sämtlichen Umfragen positiv besetzt, und dennoch traut man ihr nach wie vor bloß eine Nebenexistenz zu? Warum halten selbst Umweltschützer noch immer die – im Verhältnis zur grenzenlos verfügbaren Sonnenenergie – marginalen fossilen Energiequellen Öl und Erdgas für letztlich nicht wirklich verzichtbar, mit der wahnsinnigen Konsequenz der globalen Erwärmung, die womöglich die ganze Zivilisation marginalisiert; von den Gefahren atomarer Energiequellen ganz zu schweigen? Warum wird das wirkliche Potenzial der Solarenergie ignoriert, und das Denken verharrt im kleinen Karo der etablierten Energieversorgungsstrukturen? Warum stürzen sich Regierungen, Unternehmen, Wissenschaftler, Architekten nicht auf diese Zukunftsoption, wie sie es bei den Gen- oder Informationstechnologien tun? Hier müssen tief verwurzelte Verhaltenskonditionierungen und gedankliche Blockaden im Spiel sein, und damit kulturelle Prägungen des Verhaltens. Deren Reflexion fehlt bisher in der Ökologiedebatte.

GREFE: Und warum denkt umgekehrt der Schriftsteller, der »Kulturschaffende«, über das Energiesystem nach?

AMERY: Auf die Energieproblematik gestoßen wurde ich über die Theologie. In meinem Buch »Das Ende der Vorsehung« schrieb ich über die Ablösung jenes naiven Verständnisses von Gottvertrauen, man könne sich schon darauf verlassen, dass die Erde irgendwie weitertickt. Hinzu kam später die Einsicht, dass die ganze artikulierende Klasse schlecht konditioniert ist für die existenzielle Auseinandersetzung: die ökologische. Das Grundproblem ist wohl, dass man sich auf diesem Feld – im Gegensatz etwa zum Marxismus – mit Technologien und Naturwissenschaften beschäftigen muss. Hinderlich ist also das »Problem der zwei Kulturen«, wie es der Naturwissenschaftler und Romanautor C.P. Snow vor Jahrzehnten genannt hat; ja heute sogar der vielen Kulturen, der immer neuen Differenzierungen und Fragmentierungen. Ich meine aber: Wenn jemand dazu berufen ist, die ganzheitliche, übergreifende Perspektive der gesellschaftlichen Diskussion einzunehmen, dann ist es ein freier Schriftsteller. Ich halte das für einen beruflichen Auftrag. Auch wenn ich da innerhalb meiner Kaste ein seltener Vogel bin.

GREFE: Was hat Energie denn mit Kultur zu tun?

AMERY: Natürlich alles! Wenn in meiner Familie das Wort »Energie« fiel, dann in der Regel aus dem Munde meiner sehr willensstarken Mama, die mir vorwarf, zu wenig Energie zu haben. Das hat zwar nichts mit Strom zu tun, sie meinte die innere Energie. Aber ich denke, die Gleichheit der Vokabeln sagt eine Menge aus. Man kann eine Gesellschaft von den inneren Energien her organisieren – oder eben, wie es zur Zeit alle industrialisierten Gesellschaften tun, von den äußeren Energien her. Die Abhängigkeit von den äußeren Energien wird umso geringer, je mehr innere Energien – Werte, Antriebe, Ziele, Spiritualität – eine Gesellschaft zu entfalten vermag. Hinter dem ökologischen steht also ein kulturelles Problem: die Erschlaffung der inneren Energie und die stetig wachsende Abhängigkeit von einer immer höher gerüsteten äußeren.

SCHEER: Insgesamt wird völlig verkürzt über Energie geredet. Sie gilt als abtrennbares Segment neben anderen Spezialgebieten, gerade so, als könne man sie wie den Anlasser im Auto einfach an- und abschalten. Diese totale Fehleinschätzung drückt ein Verkommen der Wissenschaftskultur aus, einen Verlust des universalen Denkens. Dabei ist ohne Energie nichts möglich, sie prägt alles, sie prägt die gesamte Kultur. Die Sonnenenergie ist die existenzielle Grundbedingung allen Lebens, und aktivierte Energieverfügbarkeit ist die Voraussetzung dafür, dass Zivilisationen entstehen. Die klassischen Hochkulturen waren nur möglich durch überlegene Möglichkeiten der Energiebereitstellung, wie etwa bei den raffinierten Wassersystemen Chinas oder Mesopotamiens. Eine Erkenntnis, über der quasi eine Jalousie heruntergegangen ist. Man überträgt sie nicht mehr auf die heutige Zeit. Niemand hat diesen Gesamtzusammenhang überzeugender dargestellt als Wilhelm Ostwald in seinem Buch »Die energetischen Grundlagen der Kulturwissenschaften« von 1909. Ostwald war Naturwissenschaftler, der erste deutsche Chemienobelpreisträger, und nannte sich »Energiesoziologe«. Seine Ausgangsthese: Der allgemeinste Begriff von Energie ist Arbeit. Oder auch umgekehrt: Der allgemeinste Begriff von Arbeit ist Energie. In meiner Deutung Ostwalds ergeben sich daraus drei Dimensionen der Arbeit: erstens die unmittelbare Arbeit der Sonne. Sie schlägt sich am deutlichsten in deren Wärme- und Lichtangebot nieder, das uns Leben und Kommunikation ermöglicht; das zudem Voraussetzung ist für das Wachstum der gesamten Pflanzenwelt, die wir uns als Nahrungs- und Heizenergie zunutze machen können. Die zweite Form ist die unmittelbare menschliche und tierische Arbeit; sie ist jedoch bereits abhängig vom ursprünglichsten, aktiven Energieeinsatz, nämlich der Nahrungsmittelzufuhr, also wiederum von Sonnenarbeit. Nahrungsmittel waren bis ins 19. Jahrhundert in den Energiestatistiken enthalten; damals dachte man noch universell. Dass sie heute nicht mehr eingerechnet werden, ist nicht etwa eine wissenschaftliche Verfeinerung, sondern eine Reduktion von Universalität; die Abnabelung von Erkenntniszugängen. Und die dritte Dimension ist die Arbeit von Maschinen und Geräten, die ebenso wie der Mensch auf Energiezufuhr angewiesen sind. Aus diesem Dreiklang ergibt sich ein zusammenhängender, völlig anderer Energiebegriff, als er heute verwendet wird.

GREFE: Ostwald formuliert also ein holistisches Energieverständnis – das Sie teilen?

SCHEER: Ursprünglich war die genutzte Energie stets Umgebungsenergie, je nach Region gab es zum Beispiel Holzkohle, Wasserräder oder Windmühlen. Doch mit dem Industrialisierungsprozess und damit der zunehmenden Abhängigkeit von fernen Energiequellen entfremdete sich der Mensch von der Natur, von seiner Arbeitsgeschichte, damit von der Siedlungs- und Kulturgeschichte. Viele kulturelle Errungenschaften – etwa das Wissen, wie man mit Hilfe der Umgebungsenergie Agrikultur betreibt oder Häuser baut – verkümmerten oder gingen verloren. Die Befreiung von den lokalen Energiegegebenheiten sollte insgesamt mehr Freiheit schaffen. Doch im Ergebnis hat sie kulturelle Vielfalt zerstört, Arbeit und Leben uniformiert, quasi gleichgeschaltet, und die Menschheit in vollständige Abhängigkeit von den fossilen Energieangeboten gebracht, deren Exkremente zugleich die Weltzivilisation bedrohen. Mobilität lenkt davon nur ab; sie ähnelt Freigängen aus einem Gefängnis, dessen Insassenzahl laufend steigt.

AMERY: Auch ich bin vollkommen gegen das gängige, versimpelte Kulturverständnis, welches nur Belletristik, Opern und klassische Konzerte einbezieht. Kultur umfasst die gesamte Art und Weise, wie wir unser Leben organisieren und gestalten, auch mit intellektuellen Mitteln. Die Werkzeuge, die wir dazu brauchen, sind veränderbar – aber sie sind in ihrer ökologischen Bewertbarkeit nicht beliebig. Ignorant und unverantwortbar ist etwa die Atomtechnologie: der größte Versuch der Befreiung aus ökologischen Zusammenhängen, also der Beliebigkeit, zeitigt unkontrollierbare Folgen. Die zweite unabdingbare Leistung der Kultur ist die Deutung, die Konstruktion von Sinn. Heute ist – auch das eine Konsequenz zentralistischer Energiestrukturen – der Ökonomismus der Welt-Deutungssouverän. Die Seelsorge für diese Heilslehre hat vollständig und uniformierend der mediale Betrieb übernommen. Er erzählt uns, wie wir leben sollen, und vermittelt dabei zunehmend eine rein wirtschaftliche Betrachtungsweise.

SCHEER: Und zwar eine extrem verengte. Als Arbeit beziehungsweise Energie gilt in der heutigen Ökonomie nur noch, was bezahlt wird: nicht die ehrenamtliche Altenpflege, nicht die Rekultivierung eines Flussbettes oder Lektüre; auch die Sonnenwärme nicht, deren kostenlose Wirkung bei lichten Gebäuden in keiner Energiebilanz erscheint. Das ist im Vergleich zu einem umfassenden Energie-Ansatz eine extreme geistige Verkürzung!

»Das Greifbare soll unmöglich sein, und das Unmögliche greifbar?«

AMERY: Diese Verkürzung wird, vor allem mit der »protestantischen Ethik«, seit der Industrialisierung auch noch kulturell überhöht. Foucault und andere haben darauf aufmerksam gemacht, welch entscheidenden kulturellen Schritt etwa die holländischen Arbeitshäuser bedeuteten: Menschen, die nicht arbeiten konnten oder wollten, wurden dort in Wasserlöcher gesteckt; über mehrere Stunden lief Wasser ständig zu, sodass die Armen mit einem Schöpfgerät ununterbrochen schuften mussten. Die Arbeit war völlig zwecklos, sie hatte nur ein Ziel: die »Schmarotzer« daran zu gewöhnen, ständig etwas zu tun. Seither gilt das Leben ohne Arbeit nichts. Und jetzt »schenken« wir den Leuten sogar mit gigantischen Subventionsprogrammen Arbeitsplätze – das ist doch eigentlich Wahnsinn, da kommt doch ein ordentlicher südländischer Faulenzer, einer, der für seine Bildung arbeitet oder in seinem Garten, gar nicht mit! Bei unserem Arbeitsbegriff wird die Arbeit zum Selbstzweck, sie wird zu etwas, das der Mensch tun *muss*, damit er nicht in die Hölle kommt. Und die gleiche kulturelle Aufladung hat auch unser Ursprungsthema Energie erfahren: Energieformen, die wenig zusätzlichen Arbeitsaufwand bedingen, sind irgendwie verrucht. Der Mann, der in der Sonne liegt, der also Energie einfach resorbiert, ist ein Faulpelz; von dem kann man nicht annehmen, dass er in den Himmel kommt. Genauso verdächtig ist ein energieautarkes Haus.

SCHEER: Das erinnert an eine schöne Anekdote, die Heinrich Böll einmal verarbeitet hat. Ein Tourist kommt in die Karibik und spricht im Bananenhain einen Eingeborenen vor dessen Strandhütte an: »Bist du zur Schule gegangen?« – »Nein! Warum sollte ich zur Schule gehen?« – »Damit du was lernen kannst!« – »Warum sollte ich was lernen?« – »Damit du einen Beruf ergreifen kannst!« – »Warum sollte ich einen Beruf ergreifen?« – »Damit du Geld verdienen kannst!« – »Warum sollte ich Geld verdienen?« – »Damit du dir Urlaubsreisen leisten kannst, so wie ich!« – »Aber ich bin doch schon hier!« Die Sonne ist als seriöse Energiequelle stigmatisiert. Weil man nicht rackern muss, weil sie nichts kostet. Sie wird bereitgestellt, sie ist einfach da und erscheint deshalb als wertlos. Außer für die Freizeit, die Nicht-Arbeitszeit.

GREFE: Ist das nicht ein übertriebener Vorwurf? Dass die Sonnenenergie noch nicht breit genutzt wird, wird doch am häufigsten mit den hohen Mehrkosten begründet.

SCHEER: Sofern solche Mehrkosten tatsächlich noch anfallen, werden sie meines Erachtens übertrieben, beziehungsweise falsch interpretiert. Man muss nämlich zwischen dem finanziellen Aufwand für die Primärenergie und jenem für die Umwandlungs- und Bereitstellungstechniken unterscheiden. Und ersterer entfällt bei der erneuerbaren Energie ganz –

außer bei der Bioenergie aus der Landwirtschaft. Mit der fortschreitenden Entwicklung und Industrialisierung der Techniken werden die Erneuerbaren Energien also tendenziell billiger als die konventionellen Energien. Aktuelle Mehrkosten sind im übrigen auch Folge der stiefmütterlichen Behandlung der Solarenergie in Forschung und Entwicklung, ob auf Seiten der Staaten oder der Konzerne. Beispielsweise gibt die EU-Kommission nahezu ohne Gegenwind hundertmal mehr Subventionen für die Tabakanpflanzung aus als für die Bioenergieförderung. Oder: Warum läuft für total fiktive Fusionsreaktoren eine multinationale Gemeinschaftsanstrengung mit zweistelligen Milliardenkosten, aber nichts dergleichen für erneuerbare Energie? Das Greifbare für unmöglich zu erklären und das Unmögliche für greifbar – das ist eine Hypertrophie, die nichts mit Ökonomie zu tun hat, die kulturell begründet ist.

AMERY: Aber: »There are no free lunches«, so lautet der berühmte Kernsatz der Wirtschaftswissenschaft; Mittagessen kriegt man nicht umsonst. Die Erde als offenes System, das ja eigentlich von nichts anderem lebt als von einer stetigen Gratisausstattung, kann man sich nicht mehr vorstellen. Das ist die schlechte prometheische Natur der Wirtschaftswissenschaft: alles muss der Knappheit abgerungen werden. Wenn der Mensch seine Energie der Natur nicht mit möglichst komplizierten Tricks entwenden muss, benimmt er sich in diesem Denken seiner selbst unwürdig. Wir leben in einer Safeknacker-Kultur.

SCHEER: In den Energiestatistiken drückt sich das aus: Diese blenden, wie gesagt, die nicht-kommerzielle Energie einfach aus. Und die Safeknacker-Kultur wirkt bis in die Sprache hinein. Der Begriff »Passivhaus« zum Beispiel ist blanker Unsinn. Er meint, dass keine besondere Technik zur solaren Energieumwandlung eingesetzt werden muss, ein Gebäude also die Umgebungswärme allein durch seine raffiniert einfache architektonische Konstruktion und geschickte Materialauswahl nutzt. Das Haus als Kollektor: Warum nennt man das »pas-

siv«? Oder »Null-Energie-Haus« – das suggeriert, die Solarenergie sei keine richtige Energie. Richtig wäre: »Null-Emis-
sions-Haus«. Auch der Begriff »Energieverbrauch« ist bei der
Solarenergie unhaltbar! Denn verbrauchen heißt ja: Ich brauche die Energie auf, sie ist anschließend nicht mehr da, wie bei
den fossilen Energien. Bei der Sonnenenergie aber müsste es
Energie*gebrauch* heißen. Wenn selbst die Solarszene so
spricht, dann kann man sich nicht wundern, wenn beim Rest
der Gesellschaft noch größere gedankliche Verengungen existieren. Ein umgekehrter Denkfehler beginnt immer wieder
damit, dass Energie gleich Energie gesetzt wird – also fossile
gleich solare Energie, wobei ersterer bessere Wirtschaft-
lichkeit, letzterer mehr Umweltverträglichkeit zugestanden
wird. Die prinzipielle Gleichsetzung verhindert ein Bewusstsein dafür, dass ein solares Energiesystem die Kultur umfas-
send verändern wird, so wie das fossile Energiesystem unsere
heutige Lebenskultur über zwei Jahrhunderte geprägt hat.

GREFE: Gewiss ist Arbeit Ausdruck von Kultur und prägt
sie zugleich. Dennoch verstehen viele unter Kultur in erster
Linie ein System von Normen und Werten. Die Vorstellung
fällt schwer, dass das Energiesystem Werte bestimmen soll.

Amery: Auf einem gar nicht so komplizierten Weg kann
man beispielsweise die Wirkung der Energie-Fernbereitstel-
lung mit verantwortlich machen für den materiellen, den ver-
antwortungslosen Individualismus. Bei den schädlichen Folgen der über Leitungen gelieferten Energien fehlt es an Sinnlichkeit. Wenn ich ein gewöhnliches Holzfeuer habe, tun mir
die Augen weh. Auch Smog beißt noch unmittelbar. Aber die
subtileren Zusammensetzungen katalysator- und filtergerei-
nigter Abgase sind für unsere Sinne schon kaum mehr wahr-
nehmbar. Und überhaupt nicht mehr auszumachen sind individuelle Verursacher: War der Porschefahrer verantwortlich
für die Zunahme des Treibhauseffekts oder die Hausfrau am
Kohlenherd? War es die RWE-Führungsmannschaft oder jeder
einzelne ihrer Gasheizungskunden? Der LKW-Fahrer, der
Autoteile aus Südspanien zur Montage ins Saarland transpor-

tiert und wieder zurück – oder der Käufer des Autos? Alle, also niemand. Da kann ich ja ruhig weitermachen. Diese Fragmentierung der Verantwortung ist tatsächlich nur auf dieser Energiebasis vorstellbar. Im Ergebnis läuft sie hinaus auf eine Kultur der Verantwortungslosigkeit.

SCHEER: An der Fragmentierung scheitert auch die ganze Geschichte eines begrenzten Umweltschutzes. Zum Beispiel beim Auto. Jahrelang hat man über lauter einzelne Themen geredet – die Materialentsorgung, den Gestank, die klimaschädlichen Emissionen – und versprochen, sie jeweils für sich zu lösen. Dabei geht die Kernfrage unter: der falsche Treibstoff. Erst jetzt hat man damit begonnen, sich ihr zu widmen. Aber statt naheliegende Lösungen wie den Einsatz von Biomethanol und Bioethanol schnell umzusetzen, sind fast alle auf das gleiche Stichwort gesprungen: Wasserstoff. Er gilt nun als Sesam-öffne-dich, trotz vielfach schlechter Erfahrungen haben Politiker und Medien ein unerschütterliches Grundvertrauen in die Informationen der beteiligten Industrien. Tatsächlich aber setzt der Einsatz von reinem Wasserstoff in Brennstoffzellen eine komplizierte technische Infrastruktur voraus – weshalb man die solare Option wohl unerträglich lange verschieben und zunächst konventionelles Erdgas nutzen müsste.

AMERY: Echte Verantwortung kann man sich nur auf einer Sonnenenergiebasis vorstellen. Ulrich Beck hat das, ehe er vorübergehend zur Love-Parade-Philosophie überging, sehr schön beschrieben: Die mögliche selbstverschuldete Selbstzerstörung der Menschheit, so Beck, müsse eigentlich in posttraditionellen Gesellschaften zum Jungbrunnen der Motivation werden; wenn wir uns klar machten, was wir uns selber antun, dann müsste uns das dazu treiben, uns auf eine völlig neue Wertehierarchie zu einigen.

SCHEER: Stattdessen sind Werte nur noch individuell definiert. Eine Sache, die jeder für sich entscheiden soll. Das ist das Problem der Postmoderne, die nicht mehr an neue Gesellschaftsentwürfe glaubt, obwohl sie das Adjektiv »neu« auf alles anwendete: »new economy«, »New Labour«, »neue soziale Marktwirtschaft«, »neue Mitte«, »neuer Fortschritt«.

AMERY: In der Postmoderne ist jeder ein »free rider«. Für die fragmentierte Verantwortung könnte man noch -zig Beispiele anführen. Wenn ich heute in einer Diskussion mit PR-Leuten der Energieunternehmen über den Uranbergbau rede, der in Tibet, in Australien und den USA jedes Jahr mindestens 20000 Todesopfer fordert, dann antworten die mir: Das sind bedauerliche Zustände, aber wir müssen das gegen den zivilisatorischen Fortschritt der Welt abwägen. Im Grunde heißt das: die paar Indianer und Aborigines, die paar Kanaken... Entschuldigen Sie, sage ich denen, Sie haben im Grunde die moralischen Probleme eines Lokführers nach Auschwitz: die restlose Fragmentierung der Verantwortung, die in einem Konformismus der Abläufe verschwindet und auch jedes Schuldgefühl verschwinden lässt. Im Grunde könnte und sollte die große solare Konversion in der Lage sein, republikanische Tugenden im ganz altmodischen Sinne, etwa im Sinne von Thomas Jefferson, neu freizusetzen; Tugenden der Selbstverantwortung in kleinen Räumen, des asketisch trainierten mündigen Bürgers, der den bestmöglichen Überblick über das Gemeinwohl zu wahren bemüht ist.

SCHEER: Das fossile Energiesystem zieht schlicht kulturelle Verwahrlosung nach sich. Anders kann man doch auch die Tatsache nicht bezeichnen, dass die Menschen eine immense Vergiftung der Luft einfach tolerieren. Sie tun das, seit man ihnen erfolgreich eingeredet hat, dass ein hoher Energieverbrauch unumgänglich und selbstverständlich sei und die fossile Energie nicht wirklich ersetzbar. Deshalb gilt dieses Verhalten nicht als peinlich.

GREFE: Peinlichkeit als Element kultureller Entwicklungsschritte, wie es Norbert Elias in seinem Buch »Über den Prozess der Zivilisation« etwa bei der sexuellen Scham oder der Sauberkeitserziehung beschrieben hat?

SCHEER: Es muss etwas als peinlich gelten, ehe es kulturell verworfen wird. So ist es heute, außer in Slums, schlicht verboten, Abfall einfach irgendwohin zu werfen; die Leute sind sogar verpflichtet, für seine Entsorgung zu bezahlen. Die Energiemüll-Mengen sind im Vergleich dazu noch größer als beim Hausmüll, zudem ebenfalls schädlich auf vielfältige Weise: Emissionen stinken, sie zerfressen Haut, beschädigen Atemwege und bedrohen die ganze Gesellschaft, indem sie das Klima verändern. Vom radioaktiven Atommüll ganz zu schweigen; dass dessen Entsorgung nach wie vor ungelöst ist, ist eine unerhörte kulturelle Verdrängungsleistung. Trotz all dem darf man Energiemüll weiterhin ruhig »auf die Straße schmeißen« und das Problem der nächsten Generaton aufladen. Es gilt noch immer als Zumutung, Firmen und Autofahrer zum Energiesparen zu zwingen, und für Emissionsschutzmaßnahmen müssen sie nicht zahlen, sondern werden womöglich noch subventioniert. Das alles spiegelt nicht nur ökonomische Interessen, sondern auch eine Werteentscheidung. Ich gehe so weit: Eine Gesellschaft, die bereit ist, die herkömmliche Energienutzung wegen ihrer kurzfristigen Vorteile weiter zu praktizieren – und wenn die Welt zugrunde geht! –, folgt antizivilisatorischen Werten. Mit den wachsenden Konsequenzen der Energiemüllvergiftung für alle Lebensbereiche wird sich das immer deutlicher zeigen. In Australien lassen Mütter ihre Kinder wegen des Ozonlochs nur noch fünfzehn Minuten am Tag in die Sonne, die Zahl der Umweltkatastrophen nimmt laufend zu.

»Einen Emissionsbonus für jeden
natürlich wachsenden Strauch?«

GREFE: Das klingt alles sehr pessimistisch. Dabei ist doch viel geschehen: Immerhin ist die Relevanz des Klimaproblems wissenschaftlich wie politisch längst nicht mehr umstritten; eine rot-grüne Regierung hat ein Hunderttausend-Dächer-Programm und ein Erneuerbare-Energie-Gesetz aufgelegt und erklärt neuerdings klipp und klar, sie wolle »weg vom Öl«; Großkonzerne wie Shell und BP setzen auf die Sonne, und die Wirtschaftszeitschrift »Economist« macht die zukunftsträchtige Verschmelzung von Solar- und Informationstechnologie zum Titelthema. Ist die Lage also überhaupt noch so, wie Hermann Scheer einmal gesagt hat: dass wir an eine Blockade gelangt seien, bei der alle alles wissen, aber trotzdem nichts passiert? Wie beurteilen Sie beide den ökologischen Stand der Dinge?

SCHEER: Ohne die vielen kleinen Umweltfortschritte, die alle einen Stellenwert haben, zu missachten: Die Realität bleibt alarmierend. Dies zur Kenntnis zu nehmen ist nicht pessimistisch, sondern realistisch. Kaum jemand verleugnet noch die Zunahme von Umweltkatastrophen, aber was geschieht wirklich dagegen? Wo ist der »Ruck«, den Bundespräsident Roman Herzog so vehement angemahnt hat, wobei er (was kaum jemandem auffiel) leider die Umweltpolitik vergaß? Es gibt viel Etikettenschwindel; BP und Shell etwa, so akzeptabel ihr neues, offensiv vermarktetes Solarengagement sein mag, denken keineswegs daran, ihr Kerngeschäft aufzugeben; sie haben deshalb noch keinen Liter Benzin weniger verkauft. Und es gibt das abstoßende Gefeilsche der Weltklimakonferenzen: Den Begriff »Emissions*rechte*« muss man sich doch auf der Zunge zergehen lassen. Da soll noch jeder ganz natürlich wachsende Strauch als CO_2-Absorber kalkuliert werden, um einen Bonus für weitere Emissionen herauszuholen! Die Realität aber ist, dass weltweit der umweltzerstörende Energieverbrauch immer noch schneller wächst als die Einführung erneuerbarer Energien. Und das ist die Folge politischer Entscheidungen, insbesondere der Liberalisierung der Energiemärkte, des Luftverkehrs und der Warenströme, die bisher weitgehend ohne Umweltauflagen und damit bedingungslos geschah. Die Unionsparteien und die FDP machen Punkte mit ihren Kampagnen für niedrige fossile Energiepreise und gegen die Öko-Steuer, und BDI-Chef Henkel hielt es für den größten Erfolg seiner Amtszeit, diese zunächst verhindert und dann verwässert zu haben. Fazit: Zwischen Schalmeientönen für die Umwelt und konkreter Praxis klaffen immer noch Welten.

AMERY: Unterschätzt wird vor allem die weltweite Dimension des Problems. Global gesehen sind wir in der Ökologiefrage schlimmer dran als vor 30 Jahren. Das belegen doch alle Zahlen – ob sie die Münchener Rückversicherung aufgedeckt haben mag, das World Watch Institute in Washington oder der von Rückschritten erschütterte UN-Generalsekretär Kofi Annan. Und die Lage wird sich noch zuspitzen, je mehr die großen Staaten des Südens ihren industriellen und kulturellen Betrieb dem unseren anpassen. Dabei können wir mit den armen Völkern schlechthin nicht argumentieren, sie sollten bitte unsere Fehler nicht nachahmen – zugleich aber diese Fehler selber weiter machen. Solange Firmen vor Wonne sabbern, wenn sie den pfundigen chinesischen Markt für unsere Autos riechen, solange kann doch von einem wirklichen ökologischen Bewusstsein überhaupt keine Rede sein! Aber so ist es. Im Gefolge des Bundeskanzlers fahren die Notare für solche Verträge bereits mit, und man kann, mit einem gewissen Ausmaß an Ehrlichkeit, den Chinesen eine Zeit lang die Steigerung ihres CO_2-Haushalts auch nicht verwehren. Nur: Das Ganze als »Weltökologiepolitik« auszugeben, das sollte man gefälligst unterlassen. Vom Trick der Emissionslizenzen hast du, Hermann, ja schon gesprochen: Du pflanzt den Russen einen Kiefernwald an und verpestest selber weiter die Luft. De facto also, so sehe ich es auch, sind zwar alle umweltbewusst und aktiv – aber viel zu harmlos oder verlogen; in den Fundamenten hat sich wenig geändert. Und den ärmsten Staaten, die nicht wie China und Indien als Märkte interessant sind, geht es immer schlechter. Sie werden immer weiter marginalisiert.

GREFE: Aber noch einmal: Die rot-grüne Koalition hat doch eine Menge vorangetrieben?

SCHEER: Diese Bundesregierung zieht jetzt tatsächlich an einzelnen Stellen in die richtige Richtung. Aber noch zu fragmentarisch, widersprüchlich und insgesamt zu defensiv. Sie haben es schon gesagt: Das Erneuerbare-Energie-Gesetz, das Markteinführungsprogramm für erneuerbare Energien, das Hunderttausend-Dächer-Programm sind echte Erfolge. Doch die Ökosteuer ist inkonsequent, mit viel zu vielen Ausnahmen, und die Besteuerung auch der erneuerbaren Energien unsinnig. In der Energieforschung kann von einer Wende noch keine Rede sein: 60 Prozent der Fördergelder für Großforschungszentren sind bis heute für die Atomforschung einschließlich der Fusion reserviert; nur etwas mehr als zehn Prozent stehen für erneuerbare Energien zu Verfügung. Auf dem wichtigen Gebiet der emissionsfreien Treibstoffe herrscht bisher Fehlanzeige. Die Chancen für eine neue Rolle der Landwirtschaft als Lieferant pflanzlicher Rohstoffe für solare Chemie werden noch kaum diskutiert. Beim solaren Bauen sind die Initiativen noch kümmerlich. Außerdem wird dem für eine ökologische Energieversorgung kontraproduktiven Konzentrationsprozess der Energiewirtschaft und dem Sterben der Stadtwerke kein politisches Konzept entgegengesetzt, im Gegenteil: Dieser Trend wird als unaufhaltsam betrachtet, ja sogar überwiegend begrüßt. Vor allem mangelt es an europäischen und anderen internationalen solaren Initiativen: Zehn Jahre nach Rio haben wir global 25 Prozent mehr Emissionen als im Referenzjahr 1990, und die Zunahme beschleunigt sich. Für die Weltklimakonferenz sind noch keine neuen Akzente gegen den problematischen Emissionshandel gesetzt worden. Die semantischen Werkstätten sind schon eifrig beschäftigt, um bis zur Konferenz »Rio + 10« im Jahre 2002 zu vertuschen, dass im Weltmaßstab nahezu nichts erreicht ist. Die Ursache dafür, dass wir die Ökologiefrage noch immer nicht in angemessener Weise zur Priorität machen, ist in erster Linie eine Entwicklung, die die Umweltbewegung Anfang der 90er Jahre völlig unterschätzt hat: das fundamentalistische Dogma der globalen Marktfreiheit für alle Produkte, auch für schädliche, das in den 90er Jahren sogar in internationalem Vertragsrecht verankert wurde. Es wurde umgesetzt von Regierungen, während sie gleichzeitig Umweltdeklarationen unterschrieben. Das heißt: Sie haben in voller Kenntnis der bereits sichtbaren Zerstörungen wie der Katastrophenwarnungen entschieden. Sie haben der globalen Marktfreiheit Vorrang gegeben vor dem globalen Umweltschutz. Das ist schizophren, wenn nicht gar heuchlerisch im Interesse der alten, der fossil gestützten Ökonomie. Die Nachhaltigkeit, also die Wirtschaftsweise in den Grenzen der Natur, wurde zur Theorie der 90er Jahre – zu ihrer Praxis wurde die entfesselte Liberalisierung. Diesem Widerspruch hat sich die rot-grüne Koalition noch nicht wirklich gestellt. Hinter all dem steht das inoffizielle Motto: Es soll und muss zwar etwas für die solare Energiewende geschehen, aber es darf nicht umwerfend sein.

GREFE: Die Umweltminister fahren nach Rio – die Wirtschaftsminister fahren nach Genf oder New York zu WTO-Konferenzen und Weltwirtschaftsgipfeln; die Umweltminister beschließen die CO_2-Verminderung – die anderen weltweit beschleunigten, grenzenlosen Warentransport. Völlig gegensätzliche Ziele.

SCHEER: Die Regierungen haben die Ökologiefrage eben noch immer nicht verstanden. Sie haben nach wie vor nicht erkannt, dass Ökologie kein Ressort ist, sondern über allem steht und auch die ökonomischen Ziele determiniert. Der zweite Grund für die politische Verwässerung vor allem der Energiereduktionsziele ist, dass das Thema von immer mehr Institutionen besetzt wurde, ohne dass diese ihm gerecht würden. Ergebnislose Klimakonferenzen, Ausschüsse, ein »Rat für nachhaltige Entwicklung«: Überall werden Gremien geschaffen, es wird so getan als ob, es werden »win-win«-Konzepte gemacht, nach modischen Unternehmenskonzepten, bei denen allen Beteiligten gleichermaßen Vorteile versprochen werden – dabei ist »win-win« ziemlich oft nur das Synonym dafür, die Umwelt zu schützen, aber ihre Schädiger zu schonen, also den unerlässlichen Strukturwandel aufzuschieben oder ganz zu umgehen. Doch die Umweltbeauftragten, Umweltinstitute, Umweltpreise, das gigantische Umweltregelwerk befrieden auch viele der Umweltaktivisten. Sie frönen mittlerweile dem Pragmatismus und haben das Gefühl, mit den Protagonisten all dieser Institutionen auf einer gemeinsamen Ebene zu diskutieren. Endlich anerkannt! Tatsächlich ist die

Entwicklung mittlerweile politisch, demokratisch und kulturell ein Rückschritt, weil die gemeinsame Rhetorik unerträgliche Kompromisse schafft und Interessen vernebelt; weil zudem Widersprüche der Umweltbewegung undiskutiert bleiben. Mir jedenfalls ist ein Umweltzerstörer, der sich zu seiner Rolle bekennt, allemal lieber als ein Umweltzerstörer, der so tut, als stünde er auf meiner Seite, damit er nicht mehr angegriffen wird. Und der damit Hoffnungen ins Nichts lenkt.

GREFE: Allenthalben wird behauptet, das Umweltthema habe bei den Bürgern ohnehin keine Priorität mehr; sie seien erst bewegt, wenn sie sich unmittelbar physisch bedroht fühlten wie seinerzeit bei Tschernobyl oder heute bei Gen-Food und BSE.

SCHEER: Die Bürger kennen die energiebedingten Umweltgefahren. Sie wissen von Klimaforschern wie Rückversicherungen, dass die dramatische Zunahme der Stürme weltweit den Rahmen des Zufalls sprengt, bei jeder Tankerkatastrophe, jedem neuen Sturm mit Tausenden Toten, jeder Meldung über rasend schwindende Arten wird ihre Skepsis bestätigt. Gleichzeitig hören sie aus scheinbar berufenem Munde, es gebe auf längere Sicht zu den Ursachen keine Alternative. Wer beides glaubt, der kann nur passiv werden oder zynisch. Und genau das ist ja auch zu beobachten. Entschiedene politische Schritte sind gefragt: Wenn man als Reaktion auf BSE die Tiermehlfütterung untersagt, dann müsste erst recht als Reaktion auf jährlich rund 200 000 Tote als Folge der fossilen Energieemissionen unverzüglich auch die Nutzung von Kohle, Gas, Öl und Atom verboten, zumindest so schnell wie möglich eingestellt und damit der solaren Alternative eine Chance gegeben werden. Eine positive Entwicklung allerdings möchte ich protokollieren: Es hat – nicht erst, aber verstärkt seit Rio – durch gesellschaftliche Einzelinitiativen so viele praktische Modelle ökologischer Technologie und Ökonomie gegeben, dass man die Realisierbarkeit der Alternativen heute flächendeckend aufzeigen kann. Aber das alles ist im Konflikt durchgesetzt worden, nicht durch pragmatisches Konsensgehabe.

AMERY: Die schizoide Politik, die du da kritisierst, möchte ich religionsgeschichtlich erklären: mit der salvierenden Formel. Die Religionen leben davon; nicht nur das Christentum, alle. Ich erinnere mich beispielsweise an die Geschichte eines deutschstämmigen, aus einer berühmten Münchener Familie stammenden Indianerbeauftragten in Kolumbien, der war hochbegeistert von der ökologisch korrekten Religion der Amazonasindianer. Einmal, erzählte er, sei ihm von einem Schamanen ein schmackhafter Fisch serviert worden, von dem er aber wusste, dass er zu jener Jahreszeit tabu war. Er vermutete, dass man ihn auf die Probe stellen wolle, und lehnte ab. Darauf der Schamane: Mach dir keine Gedanken, du kannst ihn ruhig essen, ich habe eine salvierende Formel! Ich hole dich heraus aus dem möglichen Verderben. Genau diese salvierende Formelsprache wenden wir jetzt in der Ökologie laufend an. Getrennte Müllcontainer, Duale Systeme, Ökomüslisemmeln, das Biotop vor dem Kernkraftwerk, möglichst viele »way-of-life«-Begriffe werden mit dem Präfix »öko« versehen. Das läuft auf das Gleiche hinaus wie die Ablassbriefe im Mittelalter. Du hast zwar gehurt und betrogen, Bruder, hast vielleicht auch jemanden umgelegt, aber: Es gibt ja die salvierende Formel. Die Kirche hat diesen Thesaurus zu Verfügung gestellt.

SCHEER: Für eine solche salvierende Formel halte ich auch die Fixierung auf die Energieeffizienztheorie, die, energiesoziologisch unrealistisch, doppelten Wohlstand bei halbiertem Naturverbrauch verspricht, was übersetzt heißt: allen wohler, Natur und Mensch, und niemandem weh; Strukturwandel ohne Konflikt. Eine salvierende Formel ist auch, wenn die solare Weltwirtschaft als bloß idealistisches Ziel hingestellt und empfohlen wird, doch ganz pragmatisch erst einmal mit dem Übergang zum Erdgas zu beginnen. So argumentiert selbst das World-Watch-Institute, manchen gilt Erdgas sogar als ökologischer Renner. Auch die Grünen haben sich dafür eingesetzt, dass große Gas- und Dampfturbinen (GUD)-Kraftwerke für den Übergang steuerbefreit werden sollen. Diejenigen, die so reden, schieben die Tatsache einfach beiseite, dass dieses Erdgas bei Förderung und Transport ebenfalls eine Klimabombe allerersten Ranges ist. Und noch eine weitere Formel dieser Art, die für die Umweltdebatte typisch ist, kann man wieder in dem jüngst erschienenen Buch des amerikanischen Psychotherapeuten Thom Hartmann mit dem Titel »Unser abgebrannter Planet« nachlesen: die Formel, dass sich erst das Bewusstsein ändern müsse, bevor sich die Strukturen ändern könnten. Obwohl Hartmann alle Gefahren der fossilen Energien deutlich erkennt, schreibt er: »Unsere Energiequellen sind nicht so wichtig wie unser Weltbild.« Aber das Weltbild ändert sich nie abstrakt, nie ohne praktische Basis. Beides bedingt sich wechselseitig.

GREFE: Manch ein Umweltexperte oder rot-grüner Politiker wird jetzt sagen: Da sitzen zwei Pioniere der Ökologiebewegung, die jammern bloß umweltbewegteren Zeiten nach und sind beleidigt, dass ihre Mitstreiter in der zu Kompromissen zwingenden Verantwortung von der reinen Lehre abgefallen sind; die wollen mit ihren apokalyptischen Prophezeiungen Recht behalten und übersehen die Erfolge.

SCHEER: Nicht wir sind alarmistisch, sondern die Tatsachen sind alarmierend. Es geht hier nicht um lustvolle Larmoyanz, sondern um die Überwindung des anhaltenden Missverhältnisses zwischen erkannten Supergefahren und deren Wahrnehmung, erst recht den unzulänglichen Antworten, über die achselzuckend hinweggegangen wird. Auch der Pessimismusvorwurf gegenüber schonungslosen Betrachtern ist eine salvierende Formel. Wenn wir dann die solaren Problemlösungen anbieten, dann wirft man uns plötzlich genau das Gegenteil vor: Wir seien »überoptimistisch«. Was Technikpessimismus tatsächlich ist, können wir an den phantasielosen Abwehraussagen über die Solarenergie ablesen. Und Überoptimismus zeigen uns die überschwänglichen Lobpreisungen einer »Future perfect« – so lautet tatsächlich ein aktueller

Buchtitel über die »new economy« –, in der alle nur noch munter spekulieren und verdienen, aber keiner mehr wirklich arbeiten muss.

AMERY: Natürlich ist es nicht unser Ziel, die Verkommenheit der Mitkämpfer zu beklagen, um uns auf diesem Wege moralisch über sie zu erheben.

SCHEER: Was die konstruktive Seite, die Erfolgsbilanz des ökologischen Widerstands angeht, kann ich nur sagen: Da haben wir beide nun wirklich eine Menge mit angeschoben, von Schönau über die vielen lokalen Solarinitiativen bis zum Erneuerbare-Energie-Gesetz. Insgesamt nimmt das solare Engagement ja unzweifelhaft zu. Und wir sind auch nicht umweltnostalgisch: Wie könnte ich jemandem vorwerfen, dass er nicht mehr an Atomkraftwerkszäunen demonstriert? Aktionsformen dieser Art sind nicht beliebig auf Dauer zu stellen.

GREFE: Energieeffizienz, Gas statt Öl – diese Wege zur Verbrauchsverringerung sollen tatsächlich nur eine Selbstbeschwichtigungsstrategie sein?

SCHEER: Ökologisches Wirtschaften muss das zentrale ökonomische Prinzip für alle Bereiche der Wirtschaft werden – sonst gibt es keine Nachhaltigkeit, sonst setzen sich alle Formen der Umwelt- und Naturzerstörung weiter fort. Ohne den radikalen Wechsel zu solaren Ressourcen aber gibt es keine ökologische Wirtschaft – ob in der Chemieindustrie, bei der Energieproduktion, in der Lebensmittelproduktion oder beim Bauen.

GREFE: Und wie sieht die »solare Informationsgesellschaft« aus, wie Sie, Herr Scheer, das in Ihrem Buch nennen? Zumindest kurz sollten Sie den gesellschaftlichen und ökonomischen Rahmen skizzieren, den die Kultur herbeiführen, von dem sie verändert werden soll.

SCHEER: Der Schlüsselbegriff ist Dezentralität. Sie ist ökologisch heilsam, weil uns das Wissen, die Verantwortungskompetenz, schlicht die Übersicht fehlen, weltweite Kreisläufe in all ihren Wechselwirkungen zu verstehen und zu beeinflussen. Solarenergie, Windkraftanlagen und Biomasse bewirken die Dezentralisierung des Energiesystems, die generell zu einer Regionalisierung ökonomischer Aktivitäten motiviert. Mit den neuen Informationstechnologien steigen dazu noch die Chancen: rechnergestützte dezentrale Produktionsanlagen plus dezentral bereitgestellte Energie beseitigen jeden verbliebenen Grund zur konzentrierten Produktion. Eine regionale Ökonomie auf der Basis erneuerbarer Energien hat zahllose positive Folgen: Siedlungsräume, die man für ökonomisch marginal gehalten hatte, werden wieder attraktiv, weil die Landwirtschaft wiederbelebt wird; sie muss ja neben den Lebensmitteln auch große Mengen an Biomasse für eine ökologische Ressourcenwirtschaft produzieren. Die Umlandaktivitäten der Städte, die teilweise durch den Niedergang der Landwirtschaft zum Erliegen gekommen sind, steigen. Es entwickeln sich neue, direkte Marktbeziehungen zwischen Stadt und Land, intensiver als nur in Form des Berufspendelns und des Wochenendtourismus. Es gibt keinen Abfall mehr, alles ist zugleich Ressource. Siedlungsweise, Landschaft, Architektur, Verkehrsströme, alles verändert seine Erscheinung. Vor allem in der Dritten Welt kann das uferlose, menschenfeindliche Wachsen der Städte endlich gebremst werden. Luft und Natur werden nicht mehr von Emissionen geschädigt, soziales Leben wird dichter und die Demokratie belebt, der Verkehr weniger lästig, die Motivation, ständig in die Ferne zu fliehen, lässt in wiederbelebten Regionen nach. Getarnte oder offene Ressourcenkonflikte, das außenpolitische Menetekel, verschwinden von der Bildfläche. Sich dies alles vorzustellen, erfordert allerdings eine unverstellte, lebendige Prozessfantasie.

AMERY: Mit einem gewissen Ausmaß an Ungewissheit muss man bei dieser Utopie natürlich rechnen, weil ja andere Faktoren kultureller und psychologischer Natur nicht ohne weiteres berechenbar sind. Aber gegen Utopien mit fixem Ausgang sind wir beide wohl ohnehin. Was nicht heißt, dass man gleich das ganze Bedürfnis nach Utopie entsorgen soll, wie es in den letzten zehn Jahren nach dem Mauerfall viele getan haben. Der Mensch ist angelegt auf Utopie. Sie muss jedoch offen sein, nicht statisch wie bei Campanella, Morus und all den anderen. Die entscheidende, im weitesten Sinne kulturelle Katalysatorwirkung aber traue ich mit dir der Sonnenenergie zu. Ich bin also gespannt, was aus diesem Solargedanken, der ja zunächst nur ein zentrales Werkzeug benennt, gesellschaftlich-kulturell noch alles wird: bleibt die Sache in der technologischen Nische? Wird sie, wie wir hoffen, strukturell wirksam und die ganze ökonomische Rationalität in Richtung Nachhaltigkeit und Demokratie verändern? Oder wird sie durch taktische politische Entscheidungen und durch falsche Träger zentralistisch-großtechnologisch mit Riesensolarkraftwerken ad absurdum geführt?

SCHEER: Diese Ungewissheit ist die Erfahrung jeder Reformbewegung. Auch der größten und ältesten, der Sozialdemokratie: In wie vielen Ländern existiert sie nur noch dem Parteinamen nach und hat sich selbst deformiert, hat geendet wie in Italien in dreckigem Egoismus, ja Kriminalität! Alles ist möglich, wenn sich eine Bewegung nicht ständig selbst reflektiert. Wir müssen uns immer neu vergewissern: Wo stehen wir? Ist die Einschätzung, die wir bisher hatten, richtig? Müssen wir neue Werkzeuge, neue Bündnispartner finden? »Immer wieder und vor allem anderen: Wie handelt man / Wenn man euch glaubt, was ihr sagt? Vor allem: Wie handelt man?«, wie es Brecht in seinem »Lob des Zweifels« formuliert. Darum geht es. Kompromisse muss man immer machen. Diese Kompromisse können ambivalent, aber sie müssen zielführend sein. Sie gehören jedoch nicht in die Realitätsbeschreibung; in der Analyse darf man nicht taktieren. Und manche verwechseln diese ganze Selbstreflexion auch damit, gleich sämtliche Prinzipien aufzugeben.

2 DIE WELTENERGIEKRISE TOBT, UND WIR WECHSELN DIE GLÜHBIRNEN AUS

Wie die politische Kultur
den solaren Umbruch blockiert

GREFE: Gehen wir in die Einzelheiten der politischen Kultur. Hinter uns liegen 16 Jahre Helmut Kohl und damit reformpolitisches Brachland. Seit zwei Jahren regiert Rot-Grün, und Sie beide haben anerkannt: Es gibt einige beachtliche Schritte in Richtung einer nachhaltigen Energiepolitik. Warum dann ausgerechnet jetzt eine derart scharfe Kritik an ökologischer Unzulänglichkeit?

SCHEER: Wenn wir über das mangelnde Tempo ökologischer Reformen reden und eine Neubelebung des ökologischen Gedankens über die solare Perspektive immer wieder verzögert wird, dann müssen wir auch fragen: Welche Versäumnisse gehen auf Einstellungen und Begrenzungen des Denkens in der Ökologiebewegung selbst zurück? Ich will zunächst über deren Erfolge reden, nämlich dass es gelang, die Solarenergie populär zu machen. Das ist in erster Linie das Verdienst von Greenpeace, EUROSOLAR, dem Windenergieverband, dem Bundesverband Erneuerbare Energien, dem BUND und anderer gesellschaftlicher Organisationen, nicht zuletzt auf lokaler Ebene. Nur der Druck, den sie ausübten, hat Initiativen wie das Erneuerbare-Energie-Gesetz ermöglicht, die mehr sind als ein Alibi. Ich kann das bewerten, weil ich auf beiden Ebenen – der außerparlamentarischen Öffentlichkeit wie der parlamentarischen Umsetzung – an vorderster Stelle mitwirke. Doch ist der Maßstab ist nicht das, was getan wurde, sondern was angesichts der gigantischen Herausforderung getan werden *muss*. Und in Bezug auf das politische Ziel einer hundertprozentigen Befreiung von den fossilen Abhängigkeiten, das ich für das global gesehen einzig verantwortliche halte, reden weder Rot noch Grün Klartext, noch die Mehrheit der Verbände, Initiativen und wissenschaftlichen Institutionen selbst des ökologischen Akteursspektrums.

GREFE: Für welche Versäumnisse machen Sie die Ökologiebewegung mit verantwortlich?

SCHEER: Absolut fatal war es, die Ökofrage überwiegend als postmaterialistisch zu diskutieren. In Anlehnung an den amerikanischen Politikwissenschaftler Ronald Inglehart und sein Buch »The silent revolution« hieß es bis in die frühen 80er Jahre hinein: Die materiellen Bedürfnisse seien im modernen Wohlfahrtsstaat im Wesentlichen befriedigt, jetzt gebe es Raum für immaterielle Bedürfnisse wie Kultur, Umwelt, Partizipation. Mit dieser These wurde das Umweltthema von seinen Trägern selbst auf ein Wohlstandsbedürfnis reduziert.

AMERY: Oft lag das auch nur an der Vermittlung. Ich erinnere mich, dass Erhard Eppler, dem die Ökobewegung viel verdankt, die neuen Notwendigkeiten um 1970 unter dem Stichwort »Lebensqualität« ins Gespräch brachte – was die Umweltverträglichkeit wie ein reines Additivum zu den vorhandenen Errungenschaften des Wohlstands aussehen ließ. Nicht im Kopf Epplers, aber in dem vieler Zeitgenossen. Das konnte nicht lange vorhalten.

SCHEER: Als dann Wohlfahrtsstaat und ökonomische Sicherheit durch die Globalisierungsprozesse gefährdet wurden und sich neue Existenzängste bildeten, standen schlagartig die materiellen Fragen wieder im Vordergrund. Und die »postmaterielle« Ökologie musste prompt dran glauben, nach dem Motto: Ehe wir uns wieder diesen anderen Fragen zuwenden können, muss erst mal die Wirtschaft richtig brummen, muss sie ordentlich wachsen. Mit anderen Worten: Wir finanzieren künftige Umweltlösungen durch gegenwärtige Umweltzerstörung. Das ist absurd.

GREFE: Ein Rückfall in das eingleisige Wachstumsdenken der 70er Jahre.

SCHEER: Eine geistige Regression. Zudem eine selbstgestellte Falle aus oberflächlicher Begriffswahl und damit Problemdeutung. Wer meint, er müsse Arbeit und Umwelt, Ökonomie und Ökologie erst miteinander »versöhnen« – die Hardware mit der Software, das Notwendige mit dem Kulturellen, den Wirtschaftsteil mit dem Feuilleton –, der betrachtet die Ökologiefrage nach wie vor als Aliud der Wirtschaft, und nicht das Ganze als einen neuen, integrierten, naturverträglichen Prozess des Lebens und Wirtschaftens.

AMERY: Die Soziologen haben da ja mitgespielt, indem sie die schlichte Gleichung mit propagierten, die Grünen seien entweder Randständige, Spontis, Stadtindianer, Alibi-Studenten aus K-Gruppen – oder Lehrer, Beamte; also alles Leute, die sich entweder keine materiellen Sorgen machen wollten oder sich keine zu machen brauchten. Auch Werbeleute und Trendforscher haben grüne Überzeugungen als postmaterielle Spassetten abgestempelt. Und leider haben sie damit gesiegt – das Ökothema ist für die meisten Schnee von gestern, und die Jugend spottet über Müslifresser. Allerdings: Jüngste Besuche in Gymnasien machen mir wieder Mut. Und (makabrerweise) der Schock über BSE, der tatsächlich eine neue Agrarpolitik zur Konsequenz haben könnte.

GREFE: Aber verblasst die Ökologiebewegung in der Öffentlichkeit nicht viel eher wegen ihres eigenen Erfolgs? Zumindest »end-of-pipe«-Umweltschutz, der die Produktion zwar noch nicht ökologisch verändert, aber doch ihre Abfall- und Emissionsfolgen beseitigt, ist überall institutionalisiert; »Nachhaltigkeit« und den Kampf gegen die Klimakatastrophe predigen alle, von der Kindergärtnerin bis zum Wirtschaftsboss.

SCHEER: Aber »end-of-pipe« ist ja gerade das Problem. Denn dieser Ansatz legt die Lasten des Wandels fast ausschließlich den Verbrauchern auf und vernachlässigt, um einen Strukturwandel an der Quelle zu vermeiden, »begin-of-pipe«. Auch dass sich die Akteure, Parteien inklusive, bei ihrem vermeintlichen Engagement für nachhaltiges Wirtschaften jetzt scheinbar überbieten, ist eher zweischneidig. Denn

meinen sie es wirklich ernst, oder besetzen sie die Ökologie-
themen nur semantisch? Völlig beliebig geworden ist der
Begriff »Nachhaltigkeit«, seit ihn selbst Öl- und Chemiekon-
zerne verwenden, um ihre Produkte verbal zu tünchen, während sie kaum verändert weitermachen wie bisher. Oder es
werden Begriffe wattiert, um ein klares Bekenntnis zu vermeiden. Den Eindruck habe ich oft, wenn immer nur das distan-
zierende Wort »regenerative Energien« verwendet wird, statt
Solarenergie zu sagen. Denn Solarenergie ist mehr als Photovoltaik. Die Sonne ist der Ursprung, und Solarenergie daher
der naturwissenschaftlich korrekte, allgemein verständliche
Oberbegriff, der letztlich alle erneuerbaren Energien umfasst.

AMERY: Mit ihrer Begriffs-Landnahme versuchen die Konzerne ja vor allem, andere von radikaleren Interpretationen
abzuhalten.

SCHEER: Semantische Okkupationen sind dialogfeindlich.
Denn jetzt müssen die Leute unterscheiden können: Wer flötet
nur folgenlos, der CO_2-Ausstoss müsse weltweit reduziert
werden oder die solare Zukunft habe begonnen? Wer meint
tatsächlich, was er sagt? Welche Konferenzen, politischen Ab-
sichtserklärungen und Initiativen sind ernst gemeint, und welche nur Handlungsersatz?

GREFE: Bitte etwas konkreter: Wer hält denn nach Ihrer
Ansicht solche Fensterreden?

SCHEER: BP beispielsweise suggeriert seit einiger Zeit, dass
das Unternehmenskürzel fortan »Beyond Petroleum« zu lesen
sei, klagt aber gleichzeitig gegen die französische Steuerbefrei-
ung von Biotreibstoffen beim Europäischen Gerichtshof und
erschließt munter neue Ölfelder – das kann ich nur frivol nennen. Shell tritt neuerdings als Solarenergie-Vorreiter auf, versucht aber gleichzeitig auf Daimler-Benz einzuwirken, das ge-
plante Brennstoffzellen-Serienauto technisch so auszulegen,
dass dabei Erdgas statt zum Beispiel Bioalkohol eingesetzt
werden muss. Und eine ebenso kühne Irreführung der Öffentlichkeit ist es, wenn E.ON sich in der Werbung mit »Wind,
Wasser, Sonne« als Konzern der »neuen Energie« anpreist, in

Wahrheit aber wie gehabt sein Geschäft auf Atom- und Kohlestrom einschließlich Importen aus Russland aufbaut. Oder: Die EU-Kommission legt 1997 ein glänzendes Weißbuch über erneuerbare Energien vor, mit zahlreichen überzeugenden Handlungsempfehlungen – aber sie selbst orientiert sich kaum daran. Zur Dechiffrierung solcher Verschleierung müssen die Institutionen und Unternehmen kritisch unter die Lupe genommen, ihre Interessen und Prioritäten aufgezeigt werden. Das bedeutet Konflikte. Wer ernsthaft für die solare Weltwirtschaft kämpft, der muss außerordentlich konfliktfähig sein. Denn er strebt einen rigorosen strukturellen Wandel an, muss sich also mit den heute noch mächtigen, potentiellen Verlierern der Entwicklung anlegen. Viele der ökologisch Motivierten haben sich aber inzwischen eingereiht in die Diktatur des Konsenses, den sie mit Demokratie verwechseln. In dieser harmoniesüchtigen politischen Kultur sehe ich eine immens große Durchsetzungsbarriere.

GREFE: Weshalb viele Sie streitsüchtig nennen.

»Nicht jeder Dialog muss im Konsens enden«

SCHEER: Gewiss gehört zur Demokratie der Dialog. Sozialdemokraten von Willy Brandt bis Helmut Schmidt haben das im Hinblick auf die Ostpolitik immer wieder klar formuliert: Es ist besser, man redet miteinander als man schießt aufeinander. Aber nicht jeder Dialog muss im Konsens enden. Er kann auch darauf hinauslaufen, dass man sagt: »Wir sind völlig unterschiedlicher Meinung, unsere Positionen und Prioritäten sind unüberbrückbar.« Konsens ist kein Selbstzweck, er darf nicht die Problemlösung verhindern.

GREFE: Wo geschieht das zum Beispiel?

SCHEER: Das Duale Systeme etwa, das noch von der Regierung Kohl eingetütet wurde, ist der Versuch, das Müllproblem im Konsens zu lösen, ohne die Verpackungsindustrie zu ärgern. Um dieser Rücksicht willen ist der gesamten Bevölkerung ein furchtbar umständliches System aufgezwungen worden, und ein ökologisch fauler Kompromiss. Die konfliktorientierte, aber konsequente Lösung wäre gewesen, ab einem bestimmten Stichdatum Verpackungsmaterialien, die von der Natur nicht recyclebar sind, konsequent zu verbieten. Die Industrie hätte sich umstellen müssen, wir hätten ein System weitgehend gleich verwertbaren Abfalls, der als erneuerbare Energie rückstandsfrei verwertet werden könnte – vor allem hätten wir den Strukturwandel eingeleitet zu einer von Anfang an abfallärmeren Produktion und zur Nutzung pflanzlicher, also solarer Rohstoffe. Das jüngste Beispiel war natürlich die »Wiederherstellung des Energiekonsenses«, der am Ende nur noch ein Atomkonsens war, ausgehandelt unter ausgewählten Beteiligten. Der Energiekonsens soll ja vor allem die Politisierung dieses Themas durch die Ökologiebewegung der 70er Jahre rückgängig machen: Man will wieder ungestört bleiben. Mit dem bekannten Ergebnis, dass die Ausstiegsfristen im Wesentlichen den Fristen der technischen Restlaufzeiten entsprechen – und heikle Punkte wie die Frage der steuerfreien Rückstellungen in Höhe von mittlerweile über siebzig Milliarden Mark, mit denen die Stromkonzerne rollgriffartige Unternehmenskäufe durchziehen, überhaupt nicht thematisiert wurden. Niemand konnte doch so naiv sein, darauf zu bauen, dass ein Konsensprozessbeteiligter seine eigene Ausschaltung unterschreibt! Aber selbst die Grünen haben diesen »Konsens« dann mit durchgewunken. Die Alternative zum Konsens ist die Mehrheitsentscheidung. Sie allein ist demokratisch.

AMERY: Die Konsenskultur ist, wie man sieht, ausgesprochen strukturkonservativ. Und sie ist in unserer Gesellschaft außerordentlich mächtig. Das lässt das ganze Gerede über Beschleunigung, Innovation, Kreativität und so fort in etwas schiefem Licht erscheinen – besonders wenn man in die Geschichte zurückblickt und wahrnimmt, mit welcher Schnelligkeit, ja Brutalität da sehr wesentliche Umstellungen möglich waren. Man überlege: Hätte die Konsenskultur schon früher existiert und wäre die Lobby der Armbrusthersteller stark genug gewesen, dann gäbe es heute womöglich keine Gewehre!

SCHEER: Leider haben sich auch Teile der Umweltwissenschaft eingereiht. Um des lieben Konsenses willen schonen sie die Verursacher. Die sollen ihnen schließlich auch Gutachteraufträge geben. So gibt es die prominent vertretene Strategie, allein über die Effizienzrevolution zu reden und dabei die Möglichkeit, atomar-fossile Energien durch erneuerbare zu ersetzen, klein zu spielen. Erst bei der Entscheidung für diese oder jene Quelle nämlich beginnt der eigentliche Konflikt mit der Energiewirtschaft, deren Strukturen mit jenen einer solaren Versorgung nicht kompatibel sind. In Ernst Ulrich von Weizsäckers Faktor-Vier-Buch etwa steigt der Spar-Koeffizient bei der Energie sogar auf Faktor zehn. Und wenn von diesem Restverbrauch dann zwanzig Prozent durch erneuerbare Energien gedeckt würden, dann sei das bereits ausreichend für das Kriterium »ökologisch verträglich«. Diese Aussage würde aber sogar eine Reduktion der schon jetzt aktiv genutzten erneuerbaren Energie bedeuten; die zwanzig Prozent bei Faktor zehn entsprechen zwei Prozent unseres heutigen Energiebedarfs, über die wir schon hinaus sind! Wie viel soll also gestrichen werden? Ähnlich argumentieren Friedrich Schmidt-Bleek mit seinem »MIPS«-Sparkonzept oder der Umweltökonom Hans-Jürgen Ewers, langjähriges Mitglied des Sachverständigenrats für Umweltfragen, der sich sogar direkt gegen Förderprogramme für erneuerbare Energien ausspricht; desgleichen das Umweltbundesamt in einigen seiner Studien. Wäre man all diesen Plädoyers gefolgt, wäre für die erneuerbaren Energien bis heute nichts passiert. Begründet werden diese Ansätze mit der These, pro investierter Mark für die Effizienzsteigerung konventioneller Energie könne mehr CO_2-Entlastung erzielt werden als durch Investitionen in erneuerbare Energien. Diese Denkweise aber ist viel zu eng und energiesoziologisch fragwürdig.

GREFE: Warum?

SCHEER: Die gesamte Geschichte der industriellen Revolution ist eine Geschichte der Effizienzsteigerung – und gleichzeitig der Zunahme des Energieverbrauchs. Der Zusammenhang ist einfach: Wenn die Rolle der Energie als Kostenfaktor abnimmt, dann wird das Gesparte in weitere Verbräuche investiert. Das ist selbstverständlich kein Argument gegen Effizienz. Doch ökologisch macht sie nur Sinn, wenn zugleich die konventionellen Energiepreise weiter steigen und gleichzeitig die Energiebasis solar wird.

AMERY: Ein kleines, dennoch gerütteltes Maß Schuld am Erfolg der Konsenskultur gebe ich der tief verwurzelten Ideologie zumindest eines Teils der grünen Bewegung. Ich erinnere mich, dass in der Gründungsphase verschiedene Gruppen die Höherwertigkeit des Palavers, also des restlosen Ausdiskutierens eines kontroversen Themas, vor der Mehrheitsabstimmung beschworen: die Gruppen links vom Realsozialismus wegen der Allmacht der Basis, die Kinder und Enkel der Zivilisationskritik aus Anhänglichkeit an die Indianer. Aber natürlich nicht nur derentwegen; der bürgerliche Flügel der Bewegung ging mit einer holistischen, einer Ganzheitsphilosophie um, die angesichts der Einsichten der modernen Physik, aber auch im Lichte der Gaia-Theorie von James Lovelock (die Erde als ein lebendiger Organismus, der sich mindestens teilweise die Bedingungen für die Optimierung allen Lebens schafft) zweifellos attraktiv wirkt, die aber ohne kritische Prüfung auf den sozialen Umgang übertragen wurde. Alte Riten der Jugendbewegung kamen da wieder hoch: Im Kreis ums Feuer stehen, sich an den Händen halten... Ich kannte das alles noch aus Vorkriegs- und unmittelbaren Nachkriegszeiten. Das Feeling der Verbrüderung in Gewaltlosigkeit war eine großartige, eine sicher auch politisch wirksame Sache – das unbesiegbare Lächeln, das weiche Wasser, das den harten Stein zermürbt. Wenn nun aber eine solche Bewegung als der entschieden kleinere Teil einer politischen Koalition immer wieder vergattert wird, dann kann sich diese Ganzheitstendenz nur zugunsten des größeren, des härteren Partners auswirken. Ich glaube das deutlich wahrzunehmen an der Rolle der Grünen in der Schröder-Koalition.

SCHEER: »Sanfte Technologien«, »sanfte Alternative«: Das Selbstverständnis, das sich in dieser Begrifflichkeit ausdrückt, mag es erschwert haben, sich mit Ausdauer auf die unvermeidlich harten Konflikte mit den fossilen Hardlinern einzustellen.

GREFE: Befürworter der Konsenspolitik argumentieren: Gerade wenn es um so gravierende strukturelle Eingriffe gehe, müssten möglichst viele Gruppen in der Gesellschaft von vornherein mitziehen...

SCHEER: Diese These stimmt einfach nicht. Sie ist historisch vielfach widerlegt: Alle großen politischen Entscheidungen der Bundesrepublik – Westintegration, Wiederbewaffnung, die Ostpolitik – sind gegen heftigsten Widerstand der jeweiligen Opposition durchgezogen worden, meist auch gegen eine Umfragemehrheit. Israel hat lange Zeit den Palästina-Konflikt gemäß der Konsenstheorie durch eine große Koalition zu lösen versucht. Die aber blieb völlig starr, und es kam erst wieder etwas in Bewegung, als es Rabin und Peres wieder mit einer kleinen Koalition versuchten. Oder die großen Rooseveltschen Reformen der 30er Jahre: Nur mit knappsten Mehrheitsabstimmungen im amerikanischen Kongress wurden sie durchgesetzt. Wenn etwa ein milliardenschweres Rüstungsprogramm gegen den Widerstand gesellschaftlicher Gruppen durchgezogen werden soll, dann redet man von »leadership«. Wenn man aber ein Projekt nicht will, dann heißt es, es fehle dazu leider der Konsens. Die Konsenstheorie vernebelt und legitimiert allzu oft politische Schwäche, mangelnde Zielklarheit, Konzeptionslosigkeit. Und eben: Konfliktunfähigkeit.

GREFE: Woher aber sollte solche Angst vor Konflikten bei der Umweltbewegung rühren? Immerhin reden Sie über Leute, von denen viele aus dem Geist der Opposition kommen, der Rebellion gegen Autorität und formale Hierarchien, und die in Wackersdorf oder Brokdorf am Zaun gestanden haben.

»Die ökologische Szene muss ihre intellektuellen Batterien aufladen!«

SCHEER: Auch ökologisch Engagierte sind von dieser Welt, und die meisten Menschen bevorzugen natürlich das friedliche Miteinander, Harmonie und Eintracht gegenüber Spaltung und Streit. Das geht mir doch auch nicht anders. Konsens hat einen emotionalen Vorsprung vor dem Dissens, er ist weniger aufreibend. Um konfliktbereit und konfliktfähig zu werden, bedarf es wohl der Erfahrung, dass es im Konsens nicht immer geht. Zu dieser psychischen kommt die intellektuelle Konfliktfähigkeit. Alternativfähigkeit setzt besondere Argumentationssicherheit voraus. Zu Beginn der Umweltbewegung stand ein ökologisches Grundgefühl, aber gepaart mit viel ökologischem Unwissen. Woher sollte das Wissen auch kommen – aus dem etablierten Wissenschaftsbetrieb sicher nicht. Mittlerweile aber sind die Chancen einer umfassenden solaren Alternative gut erforscht. Dennoch beharrte vor noch gar nicht langer Zeit ein führender Programmdenker sogar der Grünen darauf, mehr als fünf Prozent des Energieverbrauchs seien doch aus erneuerbaren Energien nicht zu bestreiten; sie blieben also eine Marginalie, die keine große Anstrengung rechtfertige. Akteure anderer Parteien sind da eher noch unbeleckter. Mit einer Alternative muss man sich gefälligst auseinandersetzen, damit man sie vertreten und tragen kann! Wer nur von Überschriften lebt, der ist der allgemeinen Desinformation intellektuell ausgeliefert. Der fordert jahrelang das Drei-Liter-Auto statt das Null-Emissions-Auto, weil er sich aus Informations- und Wissensnot einreden lässt, letzteres könne aus technischen Gründen noch nicht auf den Markt kommen, obwohl es solche Fahrzeuge längst gibt. Der rät davon ab, das Erneuerbare-Energie-Gesetz zu verabschieden, weil man ihm vormacht, Brüssel werde es ohnehin als unerlaubte Beihilfe verbieten. Und der geht bei der Solarenergie den gebetsmühlenartig wiederholten Behauptungen auf den Leim, die Energiedichte sei nicht hoch genug, das Potenzial zu niedrig und die Energierückzahlzeit – also die Zeit, bis der Energie-Input bei einem Energieträger durch Energieproduktion wettgemacht ist – sei zu lang. Wer diese Desinformationen nicht widerlegen kann, der besteht nicht einmal eine Podiumsdiskussion.

AMERY: Das ist eine Unsicherheit in Sachfragen, die einen zutiefst beunruhigenden, tieferen kulturellen Hintergrund hat: Die Ökoszene – wir reden ja nicht bloß über die grüne Partei – hat es versäumt, ihre intellektuellen Batterien aufzuladen!

SCHEER: Für mich ist das entscheidende Stichwort, das mit diesen Defiziten durchaus zusammenhängt, die intellektuelle Unabhängigkeit. Die hat sich bei allzu vielen verflüchtigt. Die engagierten Leute, die aus der Ökologiebewegung übrig geblieben sind – die ja das Thema inzwischen quasi verwaltet hat –, sind heute Subjekte und Objekte der Spezialisierung geworden. Immer wieder stellt sich die Dialektik zwischen erfolgreicher Herausforderung oder abschweifender Vereinnahmung. Die Ökologiefrage forderte die unökologisch operierende oder denkende Politik, Wirtschaft und Wissenschaft unübersehbar heraus. Doch dann wurde sie vom arbeitsteiligen Wirtschafts- und Politikbetrieb vereinnahmt. Das Ergebnis waren Umweltministerien statt ökologischer Politik; Umwelttechnikproduzenten statt ökologischer Wirtschaft; vereinzelte Lehrstühle statt ökologisch denkender Wissenschaft. Also die Integration in partikularisierte Strukturen, die aber gerade hätten überwunden werden müssen. Mit der Etablierung beginnt schon die Reduktion. Das ist nie ganz vermeidbar. Aber es ist höchst problematisch, wenn dadurch der gesamte Ansatz versandet. Der normale Betrieb mit seinen Fragestellungen und Schwerpunkten entfaltet allerdings eine magnetartige Wirkung: Er bietet Stellen an und Gutachteraufträge. Um da hineinzupassen, landen auch die Umweltengagierten kulturtypisch bei der Professionalisierung, damit bei der Fragmentierung der Inhalte. Sie denken immer weniger über Ökologie nach, also über Zusammenhänge – immer mehr über Wasserversorgungs- und Müllentsorgungspraktiken oder kommunale Energieprogramme im vorgegebenen Rahmen. Auf ihren jeweiligen Posten nehmen sich zudem viele politisch im Sinne des Auftraggebers zurück. Es gibt eine ganze Reihe von Indizien dafür, dass Umweltinstitute, die sich auf den allgemeinen Markt für Studienvergaben begeben, nach einiger Zeit dazu tendieren, ihre Akzeptanz bei potenziellen Auftraggebern durch das Schleifen eigener Ecken und Kanten zu erhöhen. Zur Rechtfertigung versuchen sie, ihre Erfolgsbilanz mit der Durchsetzung von Details aufzuwerten. Die vollständige Alternative zu vertreten fällt dann immer schwerer.

GREFE: Was Sie beschreiben, ist auch der banale Prozess der Etablierung und Mäßigung in der Lebensmitte, den man in jeder politischen Richtung finden kann. Wenn man so ab Mitte dreißig anfängt, »vernünftig« zu werden.

SCHEER: Zugleich ein Eingemeindungsprozess. Vor allem im politischen Kommunikationssystem wirken solche Integrationsmechanismen hoch raffiniert. Nicht nur in der Ökologiefrage; ich habe sie während meiner Jahre als Sprecher der SPD-Bundestagsfraktion für Abrüstung und Rüstungskontrolle ebenso in der *Security Community* erlebt. Abgeordnete, Journalisten, Wissenschaftler, Unternehmer, Ministerialbeamte bilden in jedem Fachgebiet einen relativ überschaubaren Kreis. Man trifft sich. Man trifft sich spätestens wieder auf der nächsten Tagung; man wird wieder eingeladen und kennt sich schließlich seit Jahren. Newcomer werden zum Essen eingeladen oder in exklusive Zirkel; der NATO-Kritiker vom Oberkommando, der Eurofighter-Kritiker von der DASA, der Atomkraftkritiker vom RWE-Vorstand. Es beeindruckt noch heute, bei Hofe persönlich anerkannt zu sein – und sei es bei den Verursachern der globalen Umweltkatastrophe. Schon Ernst Jandl sagte, manche seien bereits mit so wenig bestechlich, dass es an Unbestechlichkeit grenze… In diesem Rahmen bildet sich zwar keine Einheitsmeinung – aber doch eine Bandbreite des jeweiligen »Common Sense«. So darf man brisante Probleme wie die Klimakatastrophe ab einer bestimmten öffentlichen Präsenz selbstverständlich nicht mehr ignorieren, sonst würde man als bekloppt gelten. Aber man darf auch nicht zu weit über eine bestehende Deutungsnorm hinaus argumentieren, sonst gilt man als randständig. Wenn man Glück hat: als intelligent, aber ein wenig verrückt. Mir hat das mal einer explizit vorgeworfen: Ich hätte »die Bandbreite verlassen«! Ein anderer: Ich bewegte mich außerhalb des »Konsensbogens«.

AMERY: Das ist das Talkshow-Prinzip. Man darf eine Meinung mannhaft vetreten. Aber man muss sich gleichzeitig stets der Glaswände des Aquariums bewusst sein, an die man als Goldfisch besser nicht anstößt. Soziale Anpassung ist eine der stärksten kulturellen wie sozialen Barrieren für eigenständiges, die Norm sprengendes Denken.

SCHEER: In der Klimafrage beispielsweise stößt man derzeit sofort an die Wand, wenn man den Emissionshandel im Grundsatz ablehnt. Also den Versuch, auch die großen klimapolitischen Widerständler in der Industrie und in den USA für die CO_2-Reduktion zu gewinnen, statt ihnen den dringend notwendigen Strukturwandel abzuverlangen. Nie ist das Konstrukt des Emissionshandels in einer politischen Partei oder im Parlament wirklich diskutiert worden; darauf geeinigt hat sich nur dieses hermetische Expertensystem aus einzelnen Wissenschaftlern und Klimadiplomaten. Wenn dann einer kommt und sagt: Das ist Quatsch!, dann wird er natürlich an den Rand geschoben. Gegen diesen Mechanismus muss man sich immunisieren.

AMERY: Beim handfesten Umgang mit der Macht sind die meisten zu erstaunlichen Anpassungsleistungen fähig. Ich möchte dazu zwei Beispiele erzählen. Das erste ist sehr lustig und hat mit den Grünen, die wir hier dauernd schelten, nichts zu tun; es ist auch schon eine Weile her, was aber seinen exemplarischen Charakter nicht schmälert. Es betrifft Edmund Stoiber, der Anfang der 8oer Jahre noch weit hinter Max Streibl rangierte, und Max Streibl wurde damals der erste Minister des (übrigens ersten) Umweltministeriums eines deutschen Bundeslandes. Stoiber war in diesem Ministerium erster

Büchsenspanner; er trug nicht ganz Afrolook, aber so ziemlich, dazu ein ziegelrotes Hemd und eine orangene Krawatte – oder war's umgekehrt? Die Kombination erlebte ich jedenfalls in einem privaten Kreis von relativ konservativen bayerischen Menschen. Man kam zu Kegelabenden zusammen, aber dazu lud man Leute ein, von deren Tun und Bestimmung man etwas zu erfahren hoffte. Stoiber nun, voll Eifer für seinen neuen Auftrag, erklärte, die Umweltfrage sei so relevant, dass das Umweltministerium die Genehmigungsbehörde für sämtliche Regierungsfragen werden müsse! Das sei nur logisch – womit er ja recht hatte. Aber sein Machtinstinkt war dann doch wesentlich weiter entwickelt als seine Einsicht und seine Prinzipientreue. In kürzester Zeit wechselte er in das Büro, das wirklich zählte: die Staatskanzlei von Franz Josef Strauß. Und was der über »grüne« Anliegen im weitesten Sinne dachte, das wissen wir – von Wackersdorf und anderswoher. Zweitens erinnere ich mich an die Tagung einer katholischen Akademie in Hessen, die kühn genug war, den ersten Umweltminister im neuen Holger-Börner-Kabinett von 1982, Herrn Joseph Fischer, einzuladen. Er redete frei von der Leber weg, randvoll von neuen Eindrücken – und es wurde rasch klar, dass er vor allem ein gänzlich neues Erlebnis hatte: die gewaltige Abhängigkeit eines Ministers vom Wohlwollen seines Beamtenstabes. Und der war ja bestimmt alles andere als grün... Da wurde allen – jedenfalls mir – richtig klar, dass die Umweltbewegung tatsächlich nicht gewusst hat, was auf sie zukommt, wenn sie auf Macht stößt – das heißt, auf ihre tatsächlichen Apparate. Dafür war sie nicht gewappnet.

SCHEER: Naja, in der ersten Erfahrung war das verständlich, aber im Allgemeinen halte ich die Klage über die Macht des Apparats gegenüber dem Minister für eine Ausrede.

»In der Opposition haben die Grünen
wesentlich mehr gestaltet«

AMERY: Jedenfalls war die Lage 1998 schon völlig anders. Man wollte »gestalten«, und man glaubte erst gestalten zu können, wenn man an die Regierung kam. Tatsächlich haben die Grünen als Opposition wesentlich mehr gestaltet: Sie haben der politischen Klasse die Debatte nicht nur über die Atomfrage, sondern über die Wachstumsfrage im Allgemeinen aufgezwungen; sie haben den prinzipiellen Pazifismus aufrechterhalten; sie haben auf sehr subtile Weise bestimmte Aspekte der Klassenfrage obsolet gemacht. In der Regierung seit 1998 sind sie dem Großen Konsens erlegen, den der Kanzler für der Weisheit letzten Schluss zu halten scheint.

SCHEER: Das sehe ich ambivalent. Einerseits hast du recht, die demokratische Macht oppositioneller Bewegungen wird in diesem Lande mehr denn je unterschätzt. Die Regierungsfixiertheit hat beinahe schon wieder den Stand von vor 1968 erreicht. Vielleicht war es auch ein Fehler, dass sich die Umweltbewegung allzu sehr an eine Partei gebunden hat; da riskiert man leicht die geistige Unabhängigkeit. Andererseits: Wer die Regierungsrolle nicht anstrebt, wird auch als Opposition schwach. Und in der Regierung haben Rot und Grün doch ganz andere Gestaltungsmöglichkeiten. Auch wenn sie sie wohl nicht gleich ausreichend wahrgenommen haben. Denn besonders in der heutigen Mediengesellschaft ist es für alle Regierenden, natürlich auch für Sozialdemokraten, verlockend, Regierung lieber zu spielen, statt zu sein. Um ihrer Karriere willen stellen sie sich dorthin, wo es warm rauskommt, und dann betteln sie um Verständnis: »Eigentlich sehe ich auch, dass mehr geschehen müsste. Aber jetzt kann ich nicht mehr sagen, was ich denke. Denn jetzt bin ich Minister.«

GREFE: Steckt hinter der behaupteten Konfliktunfähigkeit oder -bereitschaft auch der »Danny-De Vito-Komplex«? De Vito ist jener US-Schauspieler, charmant und sexy, aber klein und dick, der angesichts der ihn umgebenden Schönheitsnormen immer ganz anders sein will. Wer heute noch »small is beautiful« ruft, der fühlt sich in der allgegenwärtigen Konsum- und High-Tech-Euphorie vermutlich so mickrig wie De Vito – statt stolz zu rufen: Ich bin klein und dick, ist den Ökologen ihre eigene Sache nach dreißig Jahren langweilig, peinlich.

SCHEER: Diesen Minderwertigkeitskomplex gibt es tatsächlich. Angesichts einer Übermacht fast ausschließlich großtechnologisch-zentralistischer herkömmlicher Energieträger haben viele Umweltpolitiker nicht die psychische Stärke und den intellektuellen Schneid, in der Öffentlichkeit ein volles Kontrastprogramm zu vertreten. Wer aber die Alternative nicht offensiv zu vertreten wagt, der unterwirft sich den herrschenden, den falschen Prämissen. Der macht sich und seine Sache klein. Warum sind denn alle so froh über die Shell-Studie, die einen Solarenergieanteil von fünfzig Prozent für 2050 zugegeben hat? Weil sie sich endlich auf die auch von ihnen heimlich akzeptierte Autorität eines etablierten Großkonzerns berufen können. Shell bleibt zwar eine der größten fossilen Energiemaschinen der Welt; aber die Aussage des Konzerns über das solare Potential wird als seriöser gewertet als die eines unabhängigen Wissenschaftlers. Dieser kommt schneller unter Ideologieverdacht als ein noch so interessengeleiteter Energiegigant. Riesentanker, Riesenraffinerien, Riesenkraftwerke sind auch Kathedralen, Machtdemonstrationen.

GREFE: Vielen Ökologiebewegten passt wohl auch die Rolle der Kassandra nicht mehr. Aber wäre die Rolle des Mahners nicht längst wieder zu besetzen angesichts der bedrohlichen Zukunftsperspektiven und eines an sie völlig unangemessenen Prozesses der Gewöhnung?

SCHEER: Wer lange genug auf der Schwelle zwischen Problembeschreibung und Handlungsdefiziten gestanden ist, der lässt irgendwann die Problembeschreibung auch noch weg. Helmut Schmidt hat das, als er 1974 als Bundeskanzler antrat, explizit formuliert: Über Probleme, die man nicht lösen könne, solle man in Zukunft gefälligst nicht mehr reden. Auch Giulio Andreotti hat einmal gesagt: »Macht verbraucht vor allem den, der sie nicht hat.« Das Gefühl der Ohnmacht in der Ökologiebewegung musste à la longue zur Ermattung vieler führen. Dabei entspricht dieses Gefühl nicht einmal der Realität: Es ist zwar noch lange nicht alles, aber doch mit wenig Mitteln relativ viel bewegt worden.

AMERY: Da hat sich ein ungeheurer intellektueller Klimawechsel vollzogen. Warnungen grundsätzlicher Art, die etwa in der Ära Willy Brandt offen ausgesprochen wurden, sind inzwischen auf geheimnisvolle Weise tabuisiert. In den 70er Jahren konnte man die desaströsen Folgen des ungebremsten Wirtschaftswachstums für die Natur noch in aller Offenheit und Ausfühlichkeit anprangern. Heute kann ich mir nicht mehr vorstellen, dass jemand im Bundestag aufsteht und sagt: »Schön, dass unsere Wirtschaft wächst – aber leider handelt es sich hier um ein Krebswachstum.«

SCHEER: Naja, einige sagen das schon.

AMERY: Ich höre dergleichen von keinem semantischen Hügelchen mehr tönen. Weil es dem ökonomischen Fundamentalismus widerspricht. Ich habe einmal versucht, die Typen der Abwehr gegen unangenehme Wahrheiten zu identifizieren: Da gibt es den viel zitierten Botschafter, den Überbringer der Nachricht, der nach Hause kommt und sagt, wir haben den Krieg verloren – dem hauen sie gleich eins mit dem Hammer drauf. Dann gibt es den Alkoholiker, der seine Probleme durch die Heirat mit einer Schnapsfabrikantin lösen will – Wirtschaftswachstum gegen die schädlichen Folgen des Wachstums. Und dann kann man den Typ des hoffnungslosen Chirurgen identifizieren, das ist der pragmatische Helmut Schmidt- oder Gerhard Schröder-Typ: Der öffnet die Bauchdecke des Patienten, stellt eine katastrophale Diagnose, vernäht alles wieder – und dann verordnet er ein klein wenig mehr Bewegung und nicht mehr allzu viele Zigaretten.

GREFE: Kassandra macht schlechte Laune. Die Ökologiebewegten wollen nicht mehr schlechte Laune verbreiten.

AMERY: Wir Warner werden mit der Kassandra-Keule lächerlich gemacht. Ich nenne nur Peter Glotz, dessen Tätigkeit ich mit zunehmendem Misstrauen verfolge, der schrieb: »Kassandra wird nicht gewählt«. Aber gestimmt hat dieses Gleichnis noch nie. Denn kein Mensch hat je erwähnt, dass Kassandra Recht hatte! Sie steht vor den Toren Mykenes und weiß genau, was passieren wird. Aber Apollo hat sie, weil sie sich ihm verweigert hat, damit verflucht, dass ihr kein Mensch glaubt. Und wie konnte dieses herrliche Troja denn auch jemals untergehen? Es gibt allerdings noch einen anderen Prophetentyp, dem ich selbst hoffe anzugehören: Jonas. Jonas kriegt vom Herrn den Auftrag, nach Ninive zu gehen, wo sich die Menschen aufs Schlimmste daneben benehmen; er soll sie ein letztes Mal vor ihrem Untergang warnen. Jonas will erst gar nicht, er hat eine Heidenangst und schifft sich ein, um möglichst weit fort zu fliehen. Wird aber schwupps vom Wal verschlungen und drei Tage später an der Küste direkt gegenüber von Ninive ausgespuckt. Also predigt er tatsächlich Umkehr, und zwar im Indikativ: Ihr geht unter! Und siehe, die Niniviten glauben ihm. Sie nehmen Raison an, sie setzen eine große Konversion in Gang, Gott hat Erbarmen, und Ninive geht nicht unter. Sodass der Prophet schon richtig gekränkt ist. Was lernen wir von Jonas und den Niniviten? Wir müssen im Indikativ reden. Und wir müssen dabei immer wieder aufzeigen, worin die Konversion besteht.

SCHEER: Letzteres ist das Wichtigste. Denn natürlich haben sich viele Ökologen aus besten Motiven, weil sie aufrütteln wollten, mit der Gefahrenbeschreibung begnügt; das ist ja eigentlich mit dem Kassandra-Vorwurf gemeint. Und wenn man das über viele Jahre hinweg macht, dann sind die Leute gegen den Klang der Alarmsirenen irgendwann gleichgültig. Dann denken sie: Von Problemen, die weder ich noch ein anderer lösen kann, will ich auch nichts mehr hören. Dann kommen die Lösungen zu kurz. Dies hat schon vor Jahrzehnten Arthur Koestler in seinem Buch »Die Armut der Psychologie« beschrieben, mit dem bezeichnenden Untertitel »Der Mensch im Labyrinth der Sackgasse«. Koestler bezog sich auf die Atomwaffen, derentwegen die Menschheit mit der Aussicht auf ihre

Vernichtung als biologische Spezies leben müsse. Weil sie die
»Zeitbombe um den Hals« trage, stellte er einen »psychoakti-
ven fall out« fest: die Ausbreitung eines qualvollen Gefühls der
Sinnlosigkeit. Die »geistige Strahlenkrankheit« heute ist die
Flucht in die Beliebigkeit. Die Gesellschaft macht die zentrale,
die existenzielle Herausforderung Ökologie nicht zu ihrer
Hauptsache. Viele bieten höchstens: klein, klein. Ein bisschen
Energiesparen. Die Weltkrise tobt, und wir wechseln die Glüh-
birnen aus. Das große Problem ist, dass wir vor der zwingenden Notwendigkeit eines großen Entwurfs stehen – dass aber
die heutige Politikergeneration aller Parteien nur gelernt hat,
was man in den 60er Jahren in Amerika als »piecemeal social
engineering« bezeichnet hat: stückweise ausgerichtete politische Ingenieursarbeit. Dieses Politikkonzept bringt eine Menge
Fachleute hervor; Leute, die sich im Rentensystem auskennen,
in unserem hochkomplizierten Steuersystem oder in der Ab-
fallpolitik. Das funktioniert, wenn das Gebäude im Wesentlichen steht und es nur um Reparaturarbeiten geht. Aber jetzt
geht es um ein neues Zusammendenken, ein politisches Grand
Design – um das Gebäude insgesamt. Und dieses zu entwickeln
und zu vertreten, hat diese Generation entweder nicht gelernt,
oder sie misstraut solchem Bemühen grundsätzlich, weil sie
lange Zeit unglaubwürdigen Entwürfen nachgelaufen ist; etwa
einer utopisch-sozialistischen Vorstellung. Zugleich denke ich,
dass die Gesellschaft, was ihre Veränderungsbereitschaft angeht, permanent unterschätzt wird. Die Politiker müssen jedoch in ihrer Position glaubwürdig sein und die Strategien
nachvollziehbar, das heißt, es muss plausibel sein, dass die Ge-
fahr auf dem beschrittenen, anstrengenden Wege tatsächlich
abgewendet werden kann. Eine Öko-Steuer, bei der die erneuerbaren Energien mitbesteuert und die Einnahmen für andere
Zwecke als die Energiewende ausgegeben werden, ist eben
nicht nachvollziehbar; sie weckt bloß den Verdacht, dass die
Regierung irgendwie an Geld herankommen will. Wenn es geistige Führung in der Politik gibt, dann ist sie an diesem Punkte
gefragt.

3 DER ENERGETISCHE IMPERATIV

Wie Werte die ökologische Wende verhindern –
und warum die Grundwerte nur in einer
solaren Gesellschaft bestehen

GREFE: Bei Wertedebatten hält man meist Familie, Treue, Mitmenschlichkeit hoch; die Moral des unmittelbaren Zusammenlebens. In der Gesellschaft zählen jedoch, mehr oder weniger bewusst, auch ganz andere, womöglich dominante Orientierungen. Ich denke an die von Carl Amery schon geschilderten Werte der permanenten Beschäftigtheit, der Geschwindigkeit, Mobilität, welche die Ökonomie den Menschen aufzwingt; und sie stehen nicht nur zu Familie und Mitmenschlichkeit, sondern auch zur ökologischen Verantwortung im Widerspruch. Sehen auch Sie Werte, die den Weg zur solaren Alternative blockieren?

AMERY: Absolut zentral herrscht in dieser Gesellschaft die Konkurrenz; dieser Wert entspringt der Logik der Marktwirtschaft.

SCHEER: Natürlich, vom Himmel fallen Werte nicht! Das meint nur der naive Gläubige. Es gilt, trotz allen ökologischen Bewusstseins, trotz jahrzehntelanger Wachstumskritik, seit einigen Jahren analog zum neoliberalen Wirtschaftstrend wieder verschärft der ökologisch zerstörerische, auf jedwede Grenzüberschreitung zielende Wertekanon: schneller, höher, weiter!

AMERY: Die Energieexperten verwenden ja allem voran gern das Argument, wie unrentabel die solaren Anstrengungen im Vergleich zum gegenwärtigen nuklear-fossilen Energieparadies seien: »Sie rechnen sich nicht«, behaupten sie. Kulturell, gemessen an den täglichen, von Werten bestimmten Entscheidungen über Prioritäten, ist dieses Kriterium absoluter Unsinn. Täglich ereignen sich Millionen von unrentablen Transaktionen, die zum kompetitiven Selbstverständnis unserer Gegenwartskultur gehören. Porsches rechnen sich da ebensowenig wie Premierenkarten in Bayreuth, Garagenheizungen ebensowenig wie per Luftfracht eingeflogene Bresse-Hühner. Ja selbst das Potlatch-Prinzip, das heißt die Zerstörung von Vermögenswerten aus Ruhmsucht, ist der Psyche des Reichtums in unserer Welt nicht fremd. Wäre es diesen Trägern der *conspicuous consumption*, des angeberischen Konsums, beizubringen, dass ein gewaltiges Photovoltaikdach auf ihrer Villa ruhmvoller ist als ein Achtzylinder-BMW, wären wir sofort ein gutes Stück weiter in eine bewohnbare Zukunft vorgerückt.

SCHEER: Menschen unterdrücken sich selbst in der Vielfalt ihrer Entfaltungsmöglichkeiten, wenn sie ihre Motive allein auf die Frage reduzieren, ob sich etwas rechnet.

AMERY: Potlatch-Rivalitäten der genannten Art sind typisch für eine agonale, eine Wettrenn-Gesellschaft. Genau dieses Kulturmuster ist es, das aufgelöst werden muss. Es hat in den jüngst vergangenen Generationen die letzten immateriellen Sprossenleitern gesellschaftlicher Wertschätzung hinter sich gelassen und keine Rangordnung übrig gelassen, die nicht nach dem jeweiligen Preis-Anhänger abgestuft würde.

SCHEER: Der Achtzylinder hat, wie du richtig beschreibst, in diesem Sinne hohen Symbolwert. Und solche Schlüsseltechnologien haben kulturprägende Wirkung; sie haben Siedlungsstrukturen, Kultur und Wirtschaftsweise dramatisch revolutioniert. Mit diesen Zusammenhängen beschäftigen sich Politiker, Intellektuelle und Wissenschaftler kaum, und die Physiker am allerwenigsten. Das ist vor allem bei den Energieträgern fatal, denn sie sind grundlegend und prägen das ganze System. Die unerhörten Folgen der Dampfmaschine konnte seinerzeit noch niemand antizipieren; auch James Watt hat nicht im Entferntesten geahnt, was er auslösen würde, ebensowenig Gottlieb Daimler mit der Motorenentwicklung und die Gebrüder Wright mit ihren Flugzeugen. Drei Entwicklungen gab es jedoch, auf deren revolutionierende Segnungen von Anfang an Hymnen gesungen wurden: die Chemie, die »Kulturmacht Elektrizität« und die Atomenergie in den 50er Jahren. Nicht zufällig geht es fast immer um Ressourcenverheißungen; aktuell gilt als Ressource das »biologische Gold« der vermarkteten Gene. Diesen Kerntechnologien sind die Gesellschaften heute geistig verhaftet; vielleicht können sie sich die gestalterische und wertebildende Rolle der Solarenergie auch deshalb nur schwer ausmalen. Die Phantasie ist besetzt, die Strukturen sind etabliert, das Feld beackert. Das ist der Unterschied zum Beginn des Industriezeitalters: Seinerzeit war das Feld offen für die sich entwickelnde Energiewirtschaft, heute sind die Claims abgesteckt. Natürlich gibt es, am deutlichsten bei Chemie und Atom, auch Ernüchterungen. Doch wer einmal einer falschen Verheißung geglaubt hat, wird wie ein gebranntes Kind ungläubig gegenüber einer anderen, auch wenn sie noch so gut begründet ist. Er mißtraut jeder grundlegenden Revision vergangener Zukunftsvorstellungen.

GREFE: Sie haben schon eingangs beschrieben, wie die verschiedenen Techniken in den verschiedenen Industrialisierungsphasen bewertet wurden. Wie aber steht es mit der kulturellen Bewertung der Arbeit?

SCHEER: Sie ist für die Ökologie natürlich ebenfalls von höchster Bedeutung und geht mit der jeweiligen technischen Entwicklung einher. Die gleitenden Übergänge von der Primärenergiewirtschaft zur Sekundärwirtschaft, also zur industriellen Wirtschaft, führte zur Entwertung landwirtschaftlicher Arbeit als etwas Primitivem. Eigentlich schwer verständlich, wenn man an die Folgen der frühen industriellen Arbeit denkt, an Kinderarbeit, Staublungen, die Entfremdung am Fließband; zumindest gemessen daran war die landwirtschaftliche Arbeit gesünder, auch intellektuell anspruchsvoller. Immerhin bildeten sich auch in der Industriearbeit neue, anerkannte Berufsbilder heraus, hatten Facharbeiter ein eigenes Ethos. Doch im 20. Jahrhundert, mit der zunehmenden Ausbreitung des tertiären Sektors – Wissenschaft und Dienstleistung –, wurde auch der blaue Anton entwertet, seine Arbeit haben Maschinen übernommen. Der white collar ersetzt den blue collar, Büroarbeit gilt als das Erstrebenswerte, obwohl Sortier- oder heute Bildschirmtätigkeiten ebenfalls total stupide sein können; Naturwissenschaft und Ökonomie entwerten zudem die geistigen und sozialen Berufe. Die »Zukunftssektoren«, jene, in denen die relativ meisten neuen Jobs angeboten werden, gelten als wertvoll, bringen Status, da geht der Trend hin. Diese Bewertungshierarchie ist deshalb ein mentales Hindernis, weil in der solaren Gesellschaft gerade die kulturell ganz »unten« stehende Stufe, die Landwirtschaft, als Rohstoff- und Energieproduzent aufgewertet, Zukunftsfeld werden muss.

AMERY: Man könnte diesen Prozess vergleichen mit dem berühmten »Gresham-Gesetz«: Das schlechte Geld treibt das gute Geld aus. Im Münchner Lokalteil der SZ stand neulich zu lesen, dass es in einem Beruf, der Arbeit im Freien impliziert, 150 offene Stellen gebe und nur 15 Bewerber. Die Arbeit im Freien wird mehr und mehr verachtet; die Leute haben regelrecht Angst davor. Sie wollen nicht mehr vom Regen überrascht werden, sie haben Angst vor Schmutz, sie wollen nicht mehr frieren, sie wollen nicht mehr in der Sonne arbeiten. Sie schwitzen lieber im Fitness-Studio. Ich meine allerdings, dass diese Bewertungen historisch älter sind. Überliefert ist der Brief eines ägyptischen Vaters von 3000 v. Chr.: »Mein Sohn, lerne das Schreiben, damit du deine Hände nicht mit Arbeit befleckest!« Die negative Bewertung der Handarbeit gibt es also schon in den alten Kulturen. Das ist eine der Hauptschwierigkeiten in der Entwicklung von Ländern wie Indien oder Nepal: dass einer, der lesen und schreiben kann, davon ausgeht, er müsse den Rest seines Lebens in einem weißen Anzug verbringen. Scheinbar eine anthropologische Konstante. Als Ökologist kann und muss man sie bekämpfen.

SCHEER: Die Zukunft lag darin, sich von der Natur abzuwenden. Sie lag in der technisch realisierten Autonomie von der bioklimatischen Umgebung.

AMERY: Fast eine Kampfansage ans Grüne.

SCHEER: Heute liegt die Zukunft in der Reorientierung auf die Natur, jedoch ohne die allgemein erstrebenswerten Resultate der industriellen Moderne in Frage stellen zu müssen: die individuelle Freiheit einschließlich der Möglichkeit zur Mobilität, die Erleichterung menschlicher Arbeit, den Ausbruch aus den geistigen Gefängnissen sich hermetisch abschließender Gemeinschaften.

AMERY: Das Entrinnen aus dem, was Marx die »sanfte Idiotie des Landlebens« nannte.

SCHEER: Die künftige Landwirtschaft wird moderner, intelligenter, anspruchsvoller arbeiten: Der »Energiewirt« ist zugleich Rohstoff- wie Ernährungswirt, ist biologisch wie technisch vielseitig versiert. Ich möchte ein anderes, kaum hinterfragtes, ja kaum bewusstes antiökologisches Wertesystem dieser Gesellschaft erwähnen: den Anthropozentrismus. Die Natur haben wir zwar romantisch besetzt, Landschaften finden wir schön und Tiere niedlich oder faszinierend; wir betreiben auch emsig Naturschutz. Aber mit eigenen Rechten ist die Natur in unserem offiziellen Wertekanon keineswegs verankert. Hartmut Bosselmann hat das in seinem Buch »Das Recht der Natur« beschrieben. Die Grundwerte, auf die sich – mit unterschiedlichen Gewichtungen – alle Parteien verständigt haben, sind Gerechtigkeit, Freiheit, Solidarität. Doch bis heute ist weder in Bezug auf Freiheit noch auf Gerechtigkeit oder Solidarität die Verantwortung für die Natur einbezogen, und es wird kaum reflektiert, welchen Einfluss es auf die Realisierbarkeit von Freiheit und Menschenrechten hat, wenn man die Naturgesetze missachtet. Erst jetzt versuchen in erster Linie klassische Naturrechtler, Grundrechte der Natur in der Verfassung zu fixieren. Mir würde es sogar reichen, in der Sozialproduktrechnung endlich die Verluste an natürlichem Reichtum zu bilanzieren. Solange das nicht geschieht, ist allerdings jedes ökologische Engagement problematisch, weil man die Welt noch immer so gut wie ausschließlich aus der Perspektive der überlegenen Gattung Mensch betrachtet.

AMERY: Als Um-Welt. Ich erinnere mich an eine Sendung im Bayerischen Rundfunk, da fragte man Schüler: Brauchen wir Naturschutz? Die Antwort eines Knaben sprach Bände: »Natürlich brauchen wir Naturschutz«, sagt er, »sonst ist auf einmal die Natur weg, und wir stehen da.« All dem kann ich den berühmten Ameryschen Kernsatz entgegen halten: »Der Mensch kann die Krone der Schöpfung bleiben, wenn er weiß, dass er sie nicht ist.« Vom Genom her sind wir bekanntlich zu 98,4 Prozent Schimpansen. Was uns aber elementar unterscheidet, ist die Chance der Selbstreflexion; sie ist das eigentlich Humane. Diese Selbstreflexion sollte uns befähigen, die Eigenrechte der Natur zu verstehen und wieder stärker zu respektieren – wie es in älteren Kulturen elementar war. Die Selbstreflexion setzt den Menschen aber auch unter Druck – weil er seinen Tod voraussieht. Ein Schicksal, das ihn dazu treibt, nach Deutungen zu suchen; Deutungen, auf denen er seine Kultur aufbaut. Nur in der Industriekultur wird das Todesproblem nicht mehr durch Sinngebung gemildert, sondern durch totale Verdrängung. Das Älterwerden, das Weiterleben, unter welchen Umständen auch immer, ist einer der höchsten, aber am wenigsten hinterfragten Werte.

GREFE: Ein ziemlich verständlicher – was spricht dagegen?

AMERY: Es gibt eine Story von Jonathan Swift, in seinem »Gulliver«, über das Königreich Lugnagg. Dort leben Unsterbliche, man erkennt sie sofort an ihrem Muttermal. Der Reisende Gulliver, der sich ja immer dumm stellt, sagt: Diese Unsterblichen muss ich kennenlernen, das müssen ja die Tollsten, die Weisesten sein, das Gedächtnis der Menschheit! Die Bewohner von Lugnagg lächeln bloß: »Wir werden sie Ihnen vorstellen«. Und dann trifft er auf lauter arme Hunde, die daran leiden, dass sie alt geworden sind, aber nicht sterben können. Der Tod ist die zentripetale, also dem Prinzip ständiger Beschränkung folgende Achse, welche in allen lebendigen Systemen das Ausschweifen der Appetenz, der Lebensgier, ins

Unendliche verhindert. Diesen Tod, dieses Ärgernis endlich in den Griff zu kriegen ist der ebenso brutale wie unbedachte Drang der Wissenschaften zu Beginn des neuen Jahrtausends. Da die Wissenschaften zum wichtigsten Motor des Mammonismus geworden sind, wird das, was bisher als »höhere Gewalt«, in der englischen Juristensprache *act of God,* mehr oder weniger demütig hingenommen wurde, nämlich das Sterben, durch die zahllosen neuen Optionen der Medizin und der Gentechnologie hinausgeschoben, am liebsten abgelöst – Techniken, die alle ihren Preis haben. Ärztliche, pharmazeutische, biotechnische Legionen sind dabei, dieses Prinzip durchzusetzen: für die Reichen Leibwächter, Konzernarmeen, eingeigelte Sicherheitsdörfer, Wellness- und Kosmetik-Programme, kaum mehr bezahlbare klinische Apparaturen, Lager mit geklonten Ersatzteilen; für die weniger Reichen lebensgefährliche Nachbarschaften und eingeschränkter Versicherungsschutz; Tod als Folge von Zahlungsunfähigkeit. Patente auf Leben, potenzielle Eugenik und potenzielle Selektion am Krankenbett – das alles stellt die humanen Werte auf den Kopf!

GREFE: Dramatische ethische Probleme, aber was haben sie mit Ökologie zu tun?

AMERY: Alles. Alle lebendigen Systeme bewegen sich nach zwei Prinzipien: einem zentrifugalen (Ausgriff, »Fortschritt«, Chancenerweiterung) und einem zentripetalen, für dessen beständige Eingriffe der Sammelname Tod steht. Unsere Gegenwart zeichnet sich durch eine ständige blinde Verstärkung des Zentrifugalen aus: noch mehr Ressourcenverbrauch, noch mehr Lebensjahre, noch weniger Einschränkung durch Mangel oder Krankheit. Und der »Produktionsfaktor Wissenschaft« wird ausschließlich in den Dienst dieses Programms gestellt. Dabei werden überhaupt keine Fragen nach Risiken und Nebenwirkungen laut. Was bedeutet es beispielsweise, wenn wir alle 150 Jahre alt werden, für die Jugend? Sie wird im kulturellen Zusammenhang immer mehr marginalisiert. Ganz abgesehen von den ungeheuren materiellen Kosten der massenhaften Vergreisung: Wie sähe ein Kulturleben ohne ein starkes jugendliches Element aus? Vermutlich vergreist dann die Jugend selber. Nein – wenn wir schon damit befasst sind, alle *acts of God* durch eigene Entscheidungen zu ersetzen, dann müssen diese Entscheidungen höchst verantwortlich fallen – das bedeutet wiederum, anhand möglichst überschaubarer Daten und Gefühle.

»Umkehr, aber nicht Rückschritt«

SCHEER: Es geht doch auch bei dieser Verdrängung ganz grundsätzlich um Gegenwartssucht und Zukunftsvergessenheit.

AMERY: Um Opportunismus, das alte Menschheitsproblem! Das könnte uns noch umbringen. In der Geschichte gibt es Völker, die einfach davonlaufen, wenn der Boden erschöpft ist, und dann hauen sie dem Nachbarn eins über den Kopf, um an neue Ressourcen zu kommen – das sind opportunistische Verhaltensweisen, die in den Ölkriegen am Golf oder in Tschetschenien immer noch im Spiel sind. Der Opportunismus der Energiebeschaffung und -freisetzung war ja unendlich, da waren wunderbare Erfindungen damit verbunden. Zuerst wurden unsere Wälder abgeholzt, dann die Bergwerke ausgeräumt, wobei interessanterweise im Mittelalter noch geglaubt wurde, dass Kohle nachwächst. Dieses trügerische Gefühl der ständig nachwachsenden Welt stellt das Urproblem der Menschheit dar. Aus diesem Opportunismus heraus hat man die Grundbedeutung der Primärenergiewahl übersehen. Und heute in viel weiter greifenden Dimensionen auch die Folgen für die künftigen Generationen.

SCHEER: Solche Gedankenlosigkeit gegenüber den Nachkommen zeigt sich in all den Plänen, das fossile Zeitalter mit Hilfe gigantomanischer Such- und Förderaktionen nach sogenannten nichtkonventionellen Gas- und Ölquellen wie Ölschiefer, Ölsänden, Methanblasen am Grund des Ozeans zu verlängern – koste es, was es wolle. Und dies symbolisiert vor allem die Atomtechnologie, die mit ihrem radioaktiven Müll für Tausende von Jahren die Gesellschaft in Erbhaft genommen hat, auf völlig unbestimmte Zeit. Kaum einer registriert, dass manche Firmen und Regierungen über die Internationale Atomenergiebehörde ausgerechnet in Dritte-Welt-Ländern den Wahnsinn immer noch fortsetzen.

GREFE: In der Abschlusserklärung zur Überprüfungskonferenz des Nichtverbreitungsvertrags von Atomwaffen im Mai 2000 wird die Verbreitung der zivilen Atomtechnologie auch für die Dritte Welt empfohlen. Das wurde auch von der Bundesregierung unterschrieben.

SCHEER: Und auch die Euratom-Behörde ist als Institution der Europäischen Gemeinschaften noch nicht angetastet worden. Sie ist die einzige Behörde, die nicht einmal der Haushaltskontrolle des Parlaments unterliegt, ein Gebilde wie von Gottes Gnaden. Solange selbst die rot-grüne Regierung das alles weiterlaufen lässt, hat sie die Hegemonie der atomaren Macht nicht wirklich in Frage gestellt. Meine Vorschläge für einen solaren Verbreitungsvertrag und eine Internationale Solarenergie-Agentur (als Gegeninstitution zur Internationalen Atomenergie-Agentur) liegen seit langem auf dem Tisch. Sie sind von höchster Dringlichkeit: In den Ländern der sogenannten Dritten Welt wächst der Energiebedarf rasch an – doch die zentralistische Atomenergie kommt nur den Städtern zugute, und die Strukuren technischer Überwachung sind nicht zuverlässig.

AMERY: Die Mystagogen der Atomenergie in der Gründergeneration hatten ja noch einen ganz heilsamen Schrecken vor ihrem eigenen Schneid. Die haben noch eine Priesterkaste gefordert, die erhabener und zeitloser sein müsse als die Pharaonen und die den Weg der Menschheit in diese gefahrvolle Technologie mit ihrer unendlichen Weisheit ständig begleiten sollte. Diese immerhin respektvolle Haltung ist völlig verschwunden. Jetzt behauptet eine arrogante Expertokratie, sie habe alles im Griff! Allerdings las ich neulich Zahlen, dass es kaum noch Studenten für diese Materie gibt.

SCHEER: Bezeichnenderweise ist die Werteentscheidung gegen die Atomenergie vor allem in der jüngeren Generation gefallen.

GREFE: Der amerikanische Ökoberater Amory Lovins hat schon vor Jahren den Begriff der »Fehlerfreundlichkeit« in die Diskussion gebracht: Die Risiken einer Technologie müssten überschaubar, kontrollierbar, eingrenzbar sein. Wäre das ein zentraler Wert der solaren Gesellschaft?

SCHEER: Gewiss. Aber aus unseren vorhandenen Grundwerten lässt sich schon alles ableiten, wenn man sie in die konkreten Lebenszusammenhänge stellt. Freiheit, Solidarität, Gerechtigkeit habe ich vorher schon genannt; ich halte zudem für den wertvollsten zivilisatorischen Fortschritt die verfasste Demokratie, das System der Gewaltenteilung. Es gibt diesen berühmten Satz Rosa Luxemburgs, dass Freiheit stets auch die Freiheit des Andersdenkenden sei; das heißt, die Grenze der Freiheit ist die Freiheitsbeschränkung anderer. Analog ist, ökologisch gesehen, *Freiheit* so zu verstehen, dass niemand bei seinem Naturverbrauch die natürlichen Lebensgrundlagen anderer stehlen darf. Das übersehen beispielsweise die neuen globalen Emissionshändler, wenn sie sagen, dem Weltklima sei es egal, wo Emissionen reduziert werden, und deshalb sollten die Umweltinvestitionen dorthin gelenkt werden, wo sie am effizientesten sind. Den Menschen in ihrer konkreten Umgebung ist es aber keineswegs gleichgültig, ob der Smog, den sie erleben, an einem anderen Ort der Welt klimapolitisch kompensiert wird. Umwelt*gerechtigkeit* bedeutet dann: Jeder soll die gleiche Möglichkeit haben, in einer intakten Umwelt leben zu können. Und *Solidarität* heißt, dass er nicht über die Ressourcen künftiger Generationen verfügen kann. Es ist doch völlig verkürzt, wenn man sich bei der Diskussion über Generationenverträge ausschließlich auf die Rentenfrage beschränkt! Solidarität heißt für mich in der Ökologiefrage übrigens auch: Wenn wir die Atom- oder Steinkohlekraftwerke schließen, dann müssen wir uns darüber Gedanken machen, was die Leute stattdessen für Arbeit bekommen und dürfen sie und die Region nicht einfach absaufen lassen. Das ist der Unterschied zum Neoliberalismus.

AMERY: Solidarität in der solaren Kultur wächst womöglich ganz praktisch von unten in gemeinsamer Verantwortung für die Energieversorgung. Die Chance beispielsweise der Blockheizkraftwerke in größeren Mietshäusern ist nicht nur im energetischen Sinne ungeheuer groß; nicht nur, weil man gleichzeitig heizen und noch jede Menge Strom ins Netz schicken kann. Die Konstanz der Verständigung über die gemeinsam verwaltete Energieversorgung, die in der Hausgemeinschaft sozusagen von den Verhältnissen erzwungen wird, kann auf die Dauer zudem im guten Sinne sozialisierend wirken. Das ist natürlich ein Lernprozess und in jedem Falle ein großer Vorteil einer Solarkultur. Er könnte unter anderem die Nomadisierung der Bevölkerung reduzieren, weil man sich in ganz anderer Weise zugehörig fühlt.

GREFE: Aber diese Nomadisierung ist doch vor allem eine Konsequenz der Anforderung des Arbeitsmarkts, mobil zu sein. Angesichts der Beschleunigung solcher Bewegungen erscheint der Kampf für dezentrale Strukturen nostalgisch.

SCHEER: Faktisch wie psychologisch ist es tatsächlich eine Teil-Umkehr, wenn die Orientierung auf die solare Ressourcenbasis und ensprechende Marktordnungen zu meinem Leitbild »regionale Ressourcenmärkte bei globalen Technikmärkten« führen. Aber wenn man sich von den Desinformationen und ideologischen Vorbehalten befreit und sich stattdessen die ökonomischen und technologischen Chancen ausmalt, die der Sonnenweg bietet, die Chancen auch für einen neuen regionalen Arbeitsmarkt; wenn man sich vor allem wieder einmal bewusst macht, dass regenerative Energien die Erhaltung der Natur und eine gesündere Lebensweise ermöglichen – dann erkennt man, dass Umkehr in geradezu abenteuerlicher Weise mit Rückschritt verwechselt wird. Zudem, Carl, du hast Recht: Dezentrale Energieversorgung aktiviert, sozial und politisch. Sie macht in der Kernfrage Ernst mit dem häufig phrasenhaften Ruf nach mehr Eigenverantwortung, den wir aus Sonntagsreden kennen.

GREFE: Oder mit Bürgerarbeits-Ideen à la Ulrich Beck?

SCHEER: Solchen Höhenflügen verschafft sie eine realistische Erdung. Die meisten reden ohnehin nur von Eigenverantwortung, um das Schleifen von sozialen Sicherungssystemen zu begründen. Dabei ist eines klar, eine kulturhistorische Erfahrung: Gesellschaften, die zu mehr Aktivität und Selbstorganisation fähig sind, in denen etwa kommunale Selbstverwaltungsstrukturen zur Verfassung gehören und damit mehr demokratische Mitgestaltung, sind in der Regel ökonomisch stabiler, auch flexibler.

AMERY: Das scheint mir, wie gesagt, einer der segensreichsten Punkte der Solarbewegung: dass man das a priorische Einverständnis mit der eigenen Unmündigkeit loswird!

»Mit unserer Energiegier versklaven wir die Dritte Welt«

SCHEER: Die übergroße, im neuen Strommarkt noch zunehmende Zentralisierung des herkömmlichen Energiesystems ist das Gegenteil von demokratisch. Solarenergie schafft die besseren Voraussetzungen für Demokratie: Sie ermöglicht es den Einzelnen, Selbstversorger zu werden, und bietet somit ein Höchstmaß an Unabhängigkeit, garantiert also den Grundwert individueller Freiheit. Es ist zugleich eine Freiheit zum Nutzen anderer. Demokratie verwirklichen zu können erfordert zudem Transparenz von Entscheidungsprozessen und Verantwortlichkeiten, sonst gibt es keine Kontroll- bzw. Sanktionsmöglichkeit. Das symbolisiert die solare Bauweise. Zwischen ästhetischer Gestaltung und dem Bewusstsein der Menschen gibt es einen klaren Zusammenhang – und solares Bauen mit seinen großen Lichtöffnungen ist eine transparente Baukultur. Es ist kein Zufall, dass Bauformen, die man normalerweise nicht als typisch für demokratische Baukultur bezeichnet – von wuchtigen Bürgerhäusern über kasernenartige Mietshäuser bis zu festungsgleichen Amtshäusern –, für eine Solarenergieanwendung nicht oder nur mit äußerst schwierigen Prozeduren geeignet sind.

GREFE: Dem Lob der Eigenverantwortung halte ich zwei-
felnd entgegen, dass Dienstleistung erst recht befreiend ist.
Man kann es durchaus als Fessel empfinden, wenn man sich
um die Energieversorgung selber kümmern muss, statt einmal
im Monat eine Rechnung zu zahlen und seine Ruhe zu haben.

SCHEER: Das denken wohl viele, es hat aber mit der
Realität nichts zu tun. Vor allem dann, wenn wir nicht wieder
nur von den Hochenergieverbrauchsländern in verdichteten
Industrieregionen reden: Für Milliarden in der Welt, ob in
China, Indien oder Afrika, füllt die Energiebeschaffung
schließlich den Großteil des Tages aus. Da bedeutet Solartechnologie immense Befreiung! Doch auch bei uns ist man
tatsächlich schon jetzt ständig mit Energie beschäftigt: Man
muss seinen Treibstoff an der Tankstelle abholen, man muss
Öl oder Gas bestellen, Rechnungen kontrollieren, den Brenner
warten, den Schornsteinfeger bezahlen, Emissionsschutzvor-
schriften beachten. Das meiste davon fällt bei der Sonnenener-
gienutzung flach. Freiheit bedeutet hier zudem langfristige
Kostenfreiheit. Oder denken Sie an den Stromausfall in Kalifornien, eine Folge der Vollliberalisierung des konventionellen
Stromsektors. Dieser GAU des bisherigen Systems hat bei der
Silicon Valley Community endlich ein Bewusstsein dafür ge-
weckt, dass eine autonome Stromerzeugung dauerhafte Ener-
giesicherheit, also Freiheit ermöglichen kann.

AMERY: Unsere Gesellschaft produziert auch sonst eine
Menge Scheinfreiheiten. Etwa beim Verkehr: Bereits in den
70er Jahren erstellte der Franzose Dupuy, ein Schüler Ivan
Illichs, eine sehr originelle Tabelle der »wahren« Geschwindigkeit der Automobile. Darin wurden die Zeiten mit dem
Tachostand verrechnet, die man aufwenden muss, um das
Auto und die Steuern dafür zu verdienen, es zu warten oder
im Stau zu stehen, und zwar unterschiedlich je nach Einkom-
men. Die Realgeschwindigkeit eines Mittelverdieners mit seinem Mittelklasseauto beträgt demnach durchschnittlich zwölf
Stundenkilometer.

SCHEER: Eine ähnlich erhellende Statistik wurde Anfang

der 70er Jahre bei einer der ersten internationalen Umweltkonferenzen in Bariloche vorgestellt; ein Schlüsselbild der Umweltdebatte ist seither der »Energiesklave«. Es wurde ermittelt, dass ein durchschnittlicher Europäer mit seinem Energieverbrauch rund 80 Sklaven beschäftigen müsste; ein Amerikaner sogar 150. Unsere Freiheit hängt also ab von unsichtbarer Versklavung. Doch hinzu kommt längst die deutlich sichtbare: Mit unserem immensen Energieverbrauch versklaven wir die Welt, indem wir Millionen von Flüchtlingen und andere Opfer energiebedingter Umweltkatastrophen produzieren. In Afrika, wo die Familie das Holz zum Kochen noch selber sammeln muss, sind die Familienmitglieder ganz direkt Energiesklaven. Das vergessen wir immer. Es ist eine extrem einseitige, elitäre Sichtweise, die gegenwärtige Überfülle eines auf die Märkte geschwemmten kommerziellen Energieangebots in wenigen industrialisierten Ländern auf die ganze Welt zu übertragen.

AMERY: Anschaulich gemacht, sind die Energiesklaven Mitbewohner jedes Landes. Da kommen wir in Deutschland dann mit 200 Menschen pro Quadratkilometer nicht mehr aus. Da sind wir plötzlich ähnlich dicht bevölkert wie Bangladesh, wo jeder Einzelne nur einen Zehntel Energiesklaven hat. Der Astrophysiker Hans-Peter Dürr hat mit seiner »1,5 Kilowatt-Gesellschaft« eine durchschnittliche Energieration definiert, die sich eine Person verantwortungsvoll leisten kann. Dann ist aber höchstens noch alle vier Jahre ein Flug in die USA drin. Ich habe das Fliegen deswegen so gut wie eingestellt. Aber selbst Ökologen haben damit ihre Probleme. Einem Schweizer Philosophen habe ich mal erzählt, dass ich so gut wie nicht mehr fliege. Da hat er geantwortet: Herr Amery, das ist tollpatschig, die Flugzeuge starten doch sowieso. Der Mann verstand sich als Ökophilosoph! So sieht fragmentierte Verantwortung aus. Du hast Rosa Luxemburg zitiert, ich erinnere an den unmittelbar auf die Ökologie zielenden kategorischen Imperativ eines Hans Jonas: »Handle so, dass du die Lebensmöglichkeiten künftiger Generationen nicht minderst gegenüber deinen eigenen.« Wir müssen genau dahin kommen. Es muss ein Prozess ausgelöst werden, der sich diesem Ideal annähert.

SCHEER: Wilhelm Ostwald forderte 1912 den »energetischen Imperativ«: »Verbrauche keine Energie, sondern verwerte sie.« Dieser Imperativ hat für ihn einen höheren Stellenwert als jener Immanuel Kants. Dessen »kategorischer Imperativ« ist ein Sittengesetz. Man kann es beachten oder auch nicht. Man kann es ignorieren und doch wieder zu ihm zurückkehren. Der energetische Imperativ hingegen klagt die Beachtung eines Naturgesetzes ein, das heißt: Wir haben nicht wirklich die Wahlfreiheit. Wenn wir dieses permanent und systematisch brechen, dann kommt das einem irreversiblen Zerstörungsprogramm gleich, und damit der Unmöglichkeit, je wieder Sittengesetze aufzustellen. Deswegen steht der energetische Imperativ an der Spitze der Wertehierarchie.

»Die Rückkehr zu den Energieverbrauchssätzen von 1960 würde uns keineswegs in die Barbarei führen«

AMERY: Im Konsumkapitalismus kann man diesen energetischen Imperativ jedoch kaum befolgen. Dessen causa finalis nämlich, das, worauf alles hinausläuft, sind immer höhere Mengen von Schrott! Zwischen Rohstoff und Schrott liegt eine kurze Benutzungszeit, die im Interesse des schnellen Profits durch künstliche Veralterung laufend verkürzt wird. Mein Drucker hat einen mechanischen Schaden, und die Reparatur kostet ebenso viel wie ein neuer Drucker. Ständig müssen neue Märkte erfunden, neue Bedürfnisse erzeugt werden, das notwendige Marketing lässt alles Gegenwärtige veraltet erscheinen, drückt den Todeskuss auf. Dieser Produkteraush ist eine maskierte Utopie, weil man annimmt, dass alles immer so weitergehen wird. Sie führt dazu, dass wir nie mehr in dieser Welt zu Hause sind, weil sie nur noch als Arsenal, als unerschöpfliche Ressource behandelt wird, und darüber entsteht ein Apparat, der Wirklichkeit und Materie bloß noch als Kraftfutter ansaugt. Alles ist virtuell. Jede natürliche Arithmetik ist aufgehoben. Die Ökonomie als alleinige Sinnmaschine fordert ununterbrochen weiteres, alle Grenzen sprengendes Wachstum; sie versucht, den zutiefst vergänglichen Vermarktungsprozess auf Dauer zu stellen.

SCHEER: Und dies in der Hoffnung, dass sich ein Widerstand derjenigen, die dadurch untergebuttert werden, kaum noch organisieren lässt.

AMERY: Diese Jagd nach Wachstum kann uns nur in den Untergang treiben. Soll die Große Konversion gelingen, muss sie auf drei Säulen ruhen: Substitution, Effizienz- und Suffizienzrevolution. Die ersten zwei sind klar, sie sind technische Fragen, wenn man einmal weiß, wohin die Reise gehen soll, und wenn man sie vor allem politisch durchsetzt. Die dritte aber, die Suffizienzrevolution, ist die Kulturrevolution schlechthin. Ihre zentrale Frage ist eben auch eine Bewertungsfrage: »Warum brauche ich das Objekt X oder die Dienstleistung Y überhaupt?« Sie muss unerschrocken beantwortet werden – darunter ist Zukunft nicht zu haben. Der unerschrockene Blick schaut dann sofort auf ein kaum beachtetes Faktum: Die Rückkehr, sagen wir, zu den Energieverbrauchssätzen von 1960 würde uns keineswegs in die Barbarei führen – aber sie erscheint schlicht unvorstellbar. Die Denkmuster der Wirtschaftswissenschaft, der Wachstums- und Konsumgesellschaft sehen das einfach nicht vor. Dogmatisch ist das Muster der Spirale von Bedürfnissen und Bedürfniserfüllung, die sich immer weiter nach außen und oben dreht. Ich wundere mich, dass die Gesellschaft hier in einem Konsens zu sein scheint, der genauso wenig schlüssig ist wie jener mit den Energiekonzernen. Immerhin wird systematisch an der eigenen Verblödung gearbeitet. Ich meine in der Tat, mal ganz unabhängig von den ökologischen Folgen, dass die Entmündigung durch den Konsumismus gebrochen werden muss. Auch wenn sofort panische Ängste auftauchen: Werden wir in der künftigen Solarkultur das Moped aufgeben müssen, den Achtzylinder, den Tauchanzug für die Malediven?

GREFE: Ein zentraler Wert der solaren Gesellschaft wäre demnach Verzicht?

SCHEER: Hier urteilen wir wohl verschieden, denn an die allgemeine Durchsetzung des Wertes Verzicht glaube ich nicht. Auch deshalb habe ich mich ja so sehr auf die ökologisch verträgliche Energie- und Rohstoffbasis konzentriert, also auf die Substitution; Sonnenenergie braucht man nicht unbedingt zu sparen, und auch die solaren Stoffe sind – ökologische Anbaumethoden vorausgesetzt – unerschöpflich und reichhaltig. Für ausgeschlossen halte ich es hingegen, mit Verzichtsappellen gegen eine milliardenschwere Bewusstseinsindustrie anzukommen, deren Werbespots Konsumbedürfnis- und Konsumsteigerungen in beliebiger Höhe, nach oben offen, stimulieren und legitimieren.

GREFE: An dieser Stelle genau werden Sie von manchen Ökologen kritisiert: Der Scheer, sagen die, suggeriert, mit der Solarenergie könnten wir einfach so weitermachen wie bisher; der verbindet die Ökologie mit dem flächendeckenden Hedonismus. Weiter fliegen und Auto fahren, als gebe es das Perpetuum mobile...

SCHEER: So habe ich das nie gesagt. Ich habe höchstens erklärt, dass, selbst wenn hier lediglich ein Austausch von Technologien stattfände, von Werkzeugen, zumindest gesichert wäre, dass die Ökosphäre nicht im bisherigen Maße weiter zerstört würde. Das wäre immerhin die ökologische Rettung des Erdballs.

GREFE: Aber auch mit der Solarenergie würde der Verbrauch anderer Ressourcen weiter steigen.

SCHEER: Allein den Energieträger zu verändern, ist ja gar nicht mein Konzept, das muss ich also gar nicht verteidigen. Weil ich technik- und energiesoziologisch argumentiere, sage ich vielmehr, dass die Wahl solarer Energiequellen und der dazu gehörigen Techniken zu anderen Strukturen und auch Verhaltensweisen führen wird. Wenn aus Energiekonsumenten Energieerzeuger werden, dann verändert das nicht nur die Luft, sondern auch die Einstellung; es wird kulturprägend, und zwar wirkungsvoller als Verhaltensappelle. Diese kann man beachten oder auch nicht, aber dahinter steckt keine materielle Kraft. Dass Verzichtsappelle nicht ausreichen, beobachten wir doch seit Jahren.

AMERY: Unsere Kultur ist die bisher einzige Hochkultur, in der intelligenter Verzicht tabuisiert wird. Da das so ist, fragt sich, wie man die Sache am geschicktesten nennt. Ich drehe sie eine Stufe weiter und nenne sie Training, das heißt Askese, und dann habe ich einen gänzlich neuen Blick auf die Sache. Dann habe ich die Trainingserfahrungen der Mönchsorden vor Augen, und zwar jeder Religion, auch der Sufis und der Tibetaner; und es gibt schließlich auch Mönchsorden auf Zeit, wo man einen Teil seines Lebens aufspart, um mit Transzendenz im weitesten Sinne in Berührung zu kommen. Bei dieser Art Verzicht geht es um erhöhte Befähigung, erweitertes Potenzial, mit einem anderen Wort: um Emanzipation. Es geht darum, sich über das biologische Programm des blinden Ressourcenopportunismus zu erheben, das wir mit Bierhefe und Raubtier teilen, um in eine Kultur der sorgfältigen Auswahl unserer materiellen und immateriellen Werkzeuge einzutreten. Natürlich tut der totale Markt alles, um ein solches Training lächerlich zu machen, und lässt seine Resultate bestenfalls als Touristenattraktion am Leben. Hier herrscht eine gar nicht so geheime Allianz zwischen den Interessen des nuklear-fossilen Establishments und des hedonistischen Konsumismus.

GREFE: Aber ist es nicht tatsächlich illusorisch, auf eine solche Wandlung der Konsumenten zu bauen? Askese ist ja zumeist religiös begründet. Wie soll man sie in einer individualistischen, materialistischen, für mehr und mehr Menschen atheistischen Kultur implantieren, es sei denn durch Folklore?

AMERY: Wieso implantieren? Das Bedürfnis ist ja da. Wobei selbst dieses durch den Kommerzialismus missgeleitet wird; Spiritualität als »get-rich-quick«-Erfahrung, und demnächst schwebt wieder der Dalai-Lama ein. Diese Ohnmacht sehe ich auch, der Sache wirklich beizukommen; weil selbst auf diesem Feld Sommerschlussverkaufsatmosphäre herrscht. Du kannst kein spirituelles Training einleiten, das bloß drei Wochen dauert, das hat überhaupt keinen Sinn. Aber die Sehnsucht ist ungebrochen. Das wäre ja auch sonderbar, wenn die Menschen von heute auf morgen dieses Bedürfnis nicht mehr hätten.

GREFE: Und doch werden die Dinge in der ökonomistischen Kultur genau in die umgekehrte Richtung getrieben. Symbolisch steht dafür die Abschaffung des Ladenöffnungsverbots am Sonntag; damit der letzten Insel des Innehaltens. Und auch die grüne Bewegung will nicht mehr mit Konsumverzicht identifiziert werden: Sie will nicht mehr als lustfeindliche Savonarola-Truppe gelten, die gestreng und freudlos Hirsebrei predigt und Beutelhosen aus Hanf.

»Verzicht? Oder Umbau der Bedürfnisse?«

AMERY: Ich bin es aber leid, auf den konsumistischen Konsens, überhaupt auf den permanenten Status quo Rücksicht zu nehmen: »Wir müssen den Bürger abholen, wo er steht…« Wir brauchen eine gesellschaftliche Allianz, die so souverän ist, auf die Kleingeistigkeit von politischen Abholvorgängen zu pfeifen.

SCHEER: Da gebe ich dir völlig Recht: Dieses »Abholen« ist im Grunde genommen ein erbärmliches Abführen. Viele Politiker kennen die Leute auch gar nicht, die sie abholen wollen. Sie unterschätzen die Erkenntnis- und Veränderungsfähigkeit ihrer Bürger. Noch einmal: Ich behaupte, die Suffizienzrevolution wird mit der Solarenergie ganz von selbst einhergehen. Das ist die ihr inhärente soziologische Konsequenz – vorausgesetzt, man nimmt den direkten Weg zur Solarenergienutzung und nicht den umständlichen über eine Kopie der jetzigen Großstrukturen. Dass Letzteres ein Fehler wäre, wird man spätestens merken, wenn es versucht wird. Großstrukturen sind für erneuerbare Energien systemfremd und deshalb antiökonomisch.

AMERY: Das ist richtig – aber ich habe meine Zweifel, ob es reicht! Wie gesagt: Ich ringe beim Verzicht noch um den Begriff. Ich habe ja mal vom »Umbau der Bedürfnisse« gesprochen. Es ist zum Beispiel eigentlich schon ein asketischer Vorgang, wenn ich einen Schmöker von Zola lese, noch dazu auf Französisch, von vorne bis hinten. Auch das kostet zunächst eine Überwindung; so einfach wie einen Tatort anschauen ist es jedenfalls nicht, und von meinem Zeitbudget muss ich einen gehörigen Posten dafür abziehen. Aber ab dem Augenblick, wo ich in die Chemie des Buches hineingekommen bin, wächst zunehmend der Antrieb, es fertig zu lesen. Sich lesend vertiefen zu wollen ist ein edles Bedürfnis. Solche ressourcenschonende Bedürfniserfüllung indes erfordert ein Training, das zum Umbau der Kultur mindestens ebenso notwendig ist wie der Umbau der Energie- und Technologiestruktur. Und diese Baustelle ist riesig: Manchmal platze ich doch vor Verzweiflung, wenn Redakteure und Lektoren wieder und wieder betteln, man solle in diesen Zeiten knapper, kürzer, »griffiger« schreiben! Gott sei Dank gibt es Gegenerlebnisse wie dieses Harry-Potter-Fieber. Ich glaube im Übrigen, dass die materielle Reduzierung dessen, was man kauft und rüberkriegt, zur Intensivierung des Genusses führt. Ich habe eine schöne Karikatur, da sitzt so ein kleiner Bub knietief im Legoland und schreit: »Mutti, hast du mir ein Überraschungsei mitgebracht?« Das klingt jetzt ein wenig pädagogisch, aber das soll es auch sein. Die möglichen Vorteile eines Umbaus der Bedürfnisse wieder herauszuarbeiten: Das wäre sicher die Herausforderung einer immensen Bildungsanstrengung. Die Leute, die diese Vorteile genießen, reden zu wenig über ihre heilige Disziplin.

SCHEER: Ich meine, dass man den Verzichtsbegriff ideologisch entrümpeln muss. Was dann übrig bleibt, sind Beschränkungen und Bedürfniswandel, die mit dem ökologischen Chancengleichheits- und Solidaritätsprinzip begründet sind.

Eine Gesellschaft, die glaubt, sie könne darauf verzichten, dass ihre Kultur den Menschen auch Beschränkungen auferlegt, endet im blutigen Gemetzel.

AMERY: Jetzt sagst du das sogar härter als ich.

SCHEER: Ich meine damit zunächst solche unstrittigen Beschränkungen wie die, dass man sich nicht einfach nehmen kann, was man will, weil es sonst nur noch Mord und Totschlag gäbe. Das zu unterlassen zwingt uns das Strafrecht. Ich bin gespannt, was dem Neokapitalismus noch einfällt, um auch diesen Verzicht und seine staatliche Gewährleistung noch als altmodisch zu stigmatisieren. Aber wir reden ja jetzt hier vom Verzicht bei Konsum und Energieverbrauch. Und da ist doch das Wichtigste: Wo ist die Grenze zu ziehen? Mir fällt dazu dieser schöne Dialog zwischen Kommunist und Sozialdemokrat ein. Die beiden kommen an einem Porsche vorbei, worauf der Sozialdemokrat sagt: »Den sollen alle haben können!« Hingegen der Kommunist: »Keiner soll ihn haben dürfen!« Wer ist realistisch? Ökologisch gesehen letzterer. Vom Standpunkt einer freiheitlichen Gesellschaft aus hingegen erscheint so ein generelles Verbot als willkürlicher Eingriff in die Freiheit von Käufern und Produzenten.

GREFE: Also, was nun? Genau an der Stelle, wo es spannend wird, hört die Anekdote auf. Vor der Frage nach den konkreten Grenzen des Konsums drücken sich alle.

SCHEER: Ich sehe es so, dass es Unterschiede zwischen Grundbedürfnissen und Luxusbedürfnissen gibt. Notwendig sind aber allgemein legitime und überzeugende Begründungen für Beschränkungen. Eine ökologisch gesehen geeignete Beschränkung wäre beispielsweise die Flugtreibstoffbesteuerung. Man muss nichts verbieten – aber das Fliegen wird verteuert, damit Verzicht erzwungen und die Umwelt entlastet. Wenn nun Politiker, statt einen solchen politischen Schritt entschieden zu gehen, bloß allgemeine Verhaltensappelle verkünden, dann ist das eine dürftige Kompensation und der Ausdruck politischer Feigheit. Sie treten als Kulturprediger auf, statt gegen Widerstände neue Rahmenbedingungen auf den Weg zu bringen, die zu anderen Verhaltensweisen führen. Dass sich die Leute dagegen wehren, kann ich gut verstehen. Sie beobachten, wie der ökologische Raubbau durch politische Entscheidungen massiv vorangetrieben wird – aber sie selbst sollen den Bauch einziehen. Das empfinden sie schlicht als ungerecht. Die entscheidende Frage ist also: Wie kommt man zu einer Begründung für Beschränkungen, die in Relation zu anderen Maßnahmen nachvollziehbar und glaubwürdig ist?

GREFE: Sie beide reden jetzt auf zwei ganz verschiedenen Ebenen des Verzichts: Hermann Scheer über politische Rahmenbedingungen, die Konsumbeschränkungen erzwingen – Carl Amery über Askese als Kulturleistung. Können Sozialdemokraten mit Letzterem gar nichts anfangen?

SCHEER: Beide Verzichtsappelle sind Sozialdemokraten tatsächlich eher fremd. Das hängt mit ihrem Gerechtigkeitsanspruch zusammen. Für sie hat immer noch Vorrang, dafür zu kämpfen, dass jeder, auch der vielzitierte einfache Mann, in die Karibik fliegen kann. Und jeder heißt: dass die Sache möglichst billig wird. Die damalige Bundestagsabgeordnete der Grünen, Halo Saibold, hat einmal Selbstbeschränkung im Fliegen gefordert – nicht mal Verbot hat sie gesagt, sondern Selbstbeschränkung, was wesentlich harmloser und in der Sache treffender war als die heiß umstrittene und in der Sache prozessfremd formulierte Forderung nach einem Benzinpreis von fünf Mark. Zwar hat Saibold auch diese Gedanken etwas ungeschickt formuliert – aber das rechtfertigt nicht die hysterische Hatz, zu der sich Politiker und Medien daraufhin aufschwangen. Kein Zufall, dass sich der Sozialdemokrat Gerhard Schröder sofort bemüßigt fühlte, den Mallorca-Flug für alle zu fordern. Er hätte genauso gut Karibik sagen können. Denn wo ist die Grenze der Ansprüche?

AMERY: Beim ICE? Beim Platz in der Concorde? Oder beim Besitz einer Cessna 2?

SCHEER: Oder wenn Hilton – wie angekündigt – ein Hotel auf dem Mond eröffnet? In der SPD, aber eigentlich generell gilt als soziales Konzept nur, was verallgemeinerungsfähig ist.

Die derzeitige dramatische Multiplizierung des Flugverkehrs aber, um im Beispiel zu bleiben, ist nicht verallgemeinerungsfähig. Angesichts der unglaublichen Konsequenzen des Fliegens für Ozonschicht und Erdatmosphäre brauchen wir zwingend eine Beschränkung der Fliegerei, ebenso eine Beschränkung der LKW-Fahrerei, der Transportflut generell.

AMERY: Zumal man sich fragt, was die Leute wirklich davon haben? Lernen heißt ja beim Reisen, Differenzen zu erkennen. Und wenn ich jetzt den Lebensgewinn eines Handwerksburschen, der früher in Deutschland zwischen Stuttgart und Böblingen herumgewandert ist, mit den Erlebnisgewinnen eines Geschäftsreisenden vergleiche, der vom Hilton-Bangkok ins Hilton-Kuwait fliegt, dann war wahrscheinlich der Gewinn des Handwerksburschen höher. Der erlebte mehr echte Differenzen. Ich glaube nicht, dass das Publikum auf die Dauer damit zufrieden ist, im »Ballermann 6« in Mallorca das Gleiche zu erleben wie an der »Playa de las Americas« in Teneriffa.

»Die Ökologiebewegung hat sich als Lehrmeister über Bedürfnisse aufgespielt«

GREFE: Das klingt nach der guten alten pädagogisierenden Kulturkritik. Aber wenn die Touristen den Gewinn nicht hätten, dann würden sie doch nicht aufbrechen. Und dieser erstrebte Gewinn ist eben nicht in jedem Falle Lernen, sondern er kann schon ganz banal in der höheren Temperatur bestehen oder darin, vorübergehend soziale Regeln zu übertreten, und auch der Geschäftsreisende aus dem Hilton-Hotel wird tagsüber noch immer auf ausreichend Exotik treffen.

AMERY: Das stimmt schon, und die Leute können erzählen von Bangkok und Manila und wo sie sonst alles gewesen sind. Aber die Gegenfrage lautet, wie bei Herrn Scheer: Lässt sich das verantworten?

GREFE: Das ist aber eine völlig andere, eine moralische

Frage! Und die ist nicht vorgeschoben wie die Behauptung, man mache sich mit dem Lustgewinn beim Reisen – oder auch bei anderen Konsumpraktiken – nur etwas vor. »Ihr habt doch eigentlich gar nichts davon« – hat sich die Ökologiebewegung mit solcher Besserwisserhaltung nicht eine Menge Türen verschlossen?

SCHEER: Sie hat sich durchaus aufgespielt als Lehrmeister über Bedürfnisse. Diese Diskussion halte ich auch für verfehlt. Man muss klar und offen sagen, dass und vor allem aus welchen Gründen es Optionsbeschränkungen geben wird. Ökosteuern sind zum Beispiel Optionsbeschränkungen. In den Ländern, in denen es kaum eine Ökodebatte gibt, gehen die Regierungen auch vor jedem Protest gegen Ökosteuern in die Knie. Sie lassen sich nur mit guter Begründung durchhalten. Ein ökologisch soziales Konzept muss eben dem energetischen Imperativ entsprechen. Ich denke generell, dass die Wertedebatte ungenügend und mit widersprüchlichem Resultat geführt wird, solange sie sich nur auf individuelle Werte bezieht und gleichzeitig Ökologie nur als Freizeitbeschränkung verstanden wird. Die solare Gesellschaft produziert ja zahlreiche neue Freiheiten, individuelle wie allgemeine. Nur wenn sich die Lebensqualität verbessert, der Horizont erweitert, setzen sich neue Werte durch. Nur wegen solch neuer Freiheitsdimensionen konnte auch die Reformation im 16. und 17. Jahrhundert den Kontinent von Grund auf erschüttern und verändern.

AMERY: Man müsste erreichen können – vermutlich ein Paradox –, dass es Mode wird, möglichst dauerhafte und individualisierte Produkte zu kaufen. Wertvolle. Schon jetzt gibt es ja Markt A und Markt B: A ist der Markt der eingebauten Verfallszeiten, damit die Maschinen am Laufen bleiben; da kriegt der Geschirrspülautomat merkwürdigerweise immer genau nach dem Ablaufen der Garantiezeit eine Macke. Wer aber genug Geld hat, zahlt auf Markt B für Dauerhaftigkeit etwas mehr – von edlen Materialien und quintessenziellen Designs bis zum Küchenstuhl Pippins des Verächtlichen.

SCHEER: Diese Warenproduktion mit gezielter Verfallsabsicht nenne ich eine privatisierte Planwirtschaft. Überall hat sie sich noch nicht durchgesetzt: Beim Häuserbau etwa sind die Materialien hierzulande noch ein wenig langlebiger als etwa in den USA. Um den Trend zu wenden, ist gewiss das Bewusstsein der Käufer wichtig, nicht nur kurz-, sondern öfter langfristig zu kalkulieren. Doch das reicht nicht aus, entscheidend sind auch hier politische Rahmendaten: Wieso sollte man nicht Laufzeiten vorschreiben, Abschreibungsmethoden ändern, eine Rücknahmepflicht für kurzlebige Produkte einführen können? Das erfordert allerdings wieder einmal die Bereitschaft zum Konflikt mit den entsprechenden Industrien.

GREFE: Langlebigkeit stellt sich aber auch zur Mode in Widerspruch, denn Moden sind nun mal flüchtig. Zudem kein regionales Phänomen – was uns zu einem zentralen Widerspruch führt, in dem die solare regionale Wirtschaftsweise mit der Globalisierung auch der Bilder, Vorbilder und Ideen steht. Bei globaler Kommunikation reichen Moden von Los Angeles bis Moskau und von Flensburg bis Kapstadt. Dann muss aber auch überall identisch produziert werden. Also zentralistisch.

SCHEER: Wenn eine bestimmte Ware nur in einer bestimmten Weltregion angebaut werden kann, was sollte ich dagegen haben, dass sie international vermarktet wird?

GREFE: Dass die Transportkosten in einer ökologischen Wirtschaft zu Recht immens hoch wären und das Produkt damit für viele unbezahlbar.

SCHEER: Aber wo steht geschrieben, wie viel ein Produkt kosten muss? Auf einmal entdeckt man die Planwirtschaft, um den Wachstumskapitalismus global aufrechtzuerhalten, und sei es durch milliardenfache Subventionierung des Ferntransports, den größten und folgenreichsten Begünstigungsskandal der Weltwirtschaftsgeschichte.

GREFE: »Planwirtschaft«, das klingt nun doch sehr nach Pointenfishing...

SCHEER: Aber was ist es denn sonst, wenn Politiker und Konsumenten als Systemanforderung formulieren, ein Karibikflug solle 900 Mark kosten und reine Seide aus Indien pro Meter sechs Mark fünfzig? Die Aufhebung des Faktors Entfernung als kalkulatorische Stellgröße ist eine kulturelle Verdrängungsleistung ersten Ranges; sie hat mehr als GATT regionale Wirtschaftsstrukturen zerstört, *global players* begünstigt und ökologische Kreisläufe verhindert.

AMERY: Ferntransport und Billigpreise, das ist doch genau der Kern des Problems auch bei der Landwirtschaft. Die Brüsseler Plan-Philosophie läuft darauf hinaus, dass der Fraß heute um die Hälfte billiger sein soll als noch vor dreißig Jahren. BSE und Ähnliches sind da nur die logische Folge. Außerdem scheitert daran seit Jahren der ökologische Landbau. Und das ist eine Werteentscheidung!

SCHEER: Ich will niemandem Bedürfnisse verweigern. Der Reichtum der Natur ist so groß, dass es der einfachen Verzichtsempfehlungen nicht bedarf – jedoch eines naturgemäßen Wirtschaftens, um die natürliche Reproduktion dieses Reichtums dauerhaft zu sichern. Wenn man – um beim Beispiel Mode zu bleiben – eine bestimmte ästhetische Anforderung hat, dann wird es eben womöglich teuer. Die Anforderung, es müsse überall dasselbe zum selben Preis geben, ist im Übrigen die ansonsten verpönte Gleichmacherei. Sie wird uns auch eingeredet von den intellektuellen Architekten der Welthandelsorganisation WTO, die an Ökologie nie gedacht haben und einen unterschiedslosen Markt installieren wollen, auch für Gift.

GREFE: Die billige Energie hat ja zu einer Art Demokratisierung des Luxus geführt: Kiwis aus Neuseeland, Wein aus Kalifornien, Kreuzfahrten für jedermann. Die ökologischen Kosten einzubeziehen heißt aber, dass sich Produkte verteuern, und höhere Preise bedeuten nun mal, dass sich viele Menschen bestimmte Produkte nicht mehr leisten können werden. Wird Energie, auch Transportenergie sehr viel teurer, dann werden sich also soziale Schichten wieder stärker auseinanderdividieren. Noch einmal: Wo bleibt da der Sozialdemokrat?

»Totale Konsumfreiheit ist ein Versprechen für höchstens zehn Jahre«

SCHEER: Soziale Gerechtigkeit ist das Hauptmotiv, warum ich Mitglied der SPD bin. Aber zu meinem Gerechtigkeitsgefüge gehört eben nicht der Zugang zu allen Luxusbedürfnissen. Wer in China unbedingt Perrier-Mineralwasser trinken oder hierzulande Orchideen aus Kolumbien haben will, der soll halt dafür entsprechend bezahlen. In wirklich guten Restaurants gibt es nur die Saisongemüse der Region. Das ist verallgemeinerungsfähig.

AMERY: Der Konsum ist doch längst ein Selbstzweck geworden, dem gerade die niedrigen Schichten wenig entgegensetzen können. Ich habe zu dieser Frage mal einen lustigen amerikanischen Science-Fiction-Roman gelesen. Die Exposition war klassisch: Armer Junge heiratet reiche Tochter. Und plötzlich, nach ein paar Seiten, war man irritiert: Da war es die Familie des armen Jungen, die konsumierte wie blöde – während es sich die Reichen leisten konnten, stundenlang zu lesen, zu debattieren und um Zündhölzer zu pokern. Es war also die Rolle der Armen zu konsumieren, ja ihre Pflicht, damit auch wirklich Umsatz zusammenkommt. Die Moral hat mir sehr eingeleuchtet: Über den Konsumismus wird die Masse der Ungebildeten zu den Abnehmern gemacht, die wirklich den Warenabsatz hochtreiben. Während die Informierten noch Freude und Intensität erleben können.

SCHEER: Mein soziales Grundziel ist, dass ein freies, würdiges Leben für jeden Einzelnen möglich sein muss; dass also Ernährung, Wohnen, Gesundheitsversorgung und Bildungsangebote diskriminierungsfrei gesichert sind. Alle Bedürfnisse darüber hinaus muss man sich dann leisten können. Das ist in der Tat einerseits eine Frage des Einkommens, bei dem aber Unterschiede bis zu einem bestimmten Maß aus Gründen der Leistungsgerechtigkeit doch sinnvoll sind. Und es ist zum anderen die freie Entscheidung durch freie Prioritätenwahl. Was bedeutet, dass sich mancher eine weite Reise oder ein bestimmtes teures Produkt eben erst ansparen muss. Jedem die Erfüllung eines jeden Bedürfnisses jederzeit zu ermöglichen, würde eine vollständige Ausschöpfung der Ressourcen bedeuten und damit den Tod dieser Welt. Totale Konsumfreiheit wäre ein politisches Versprechen für höchstens noch einmal zehn oder fünfzehn Jahre. Und was ist so ein Versprechen wert?

GREFE: Aber wer will es den Peruanern, Indern oder Chinesen vorwerfen, wenn auch sie sich, von medialen Vorbildern mit der ganzen Vielfalt von Benetton-Klamotten bis zum Apple-Computer verführt, als Teil einer globalen Kommunikationsgemeinschaft fühlen und mit dem Konsumismus erst richtig loslegen wollen?

SCHEER: Tut mir leid: Wenn in der ganzen Welt das gleiche konsumiert wird, wenn global aktive Ketten die lokale Originalität allmählich verschwinden lassen, dann kann ich das nicht Vielfalt nennen. Das ist für mich eine Vergewaltigung des Wortes Vielfalt. Einfältiger kann Kultur doch nicht sein. Es ist doch schon langweilig geworden, in fernen Städten einzukaufen – zunehmend gibt es überall das gleiche Warenangebot. Ansonsten kann man, wenn denn Mode überhaupt eine Form der globalen Kommunikation sein soll, genauso gut nach internationalen Lizenzen mit lokalen Rohstoffen produzieren, wie es Coca-Cola seit Jahrzehnten tut.

AMERY: Das wäre die ökologische Globalisierung: freier Handel ja, aber nicht für fertige Produkte, sondern nur für Ideen. Die Globalisierung der Ideen ist die entscheidende. Was wir aber jetzt erleben, ist genau das Gegenteil: die Privatisierung, die Patentierung von Ideen und Leben. Gegen diese Tendenz muss man Sozialist werden, die muss man zurückdrängen! Ein Theologe, der über den Mammonismus schrieb, definierte die Entwicklung des Kapitalismus als die laufende Privatisierung der Allmende, und zwar im allgemeinsten Sinne, auch im Sinne der Ideen. Das Reich der Allmende, vor allem der kulturellen und geistigen Allmende, muss sich wieder vergrößern!

SCHEER: Und die Globalisierung von Werkzeugen, das heißt von produktiven Techniken, damit man zuallererst die Sonnenenergie effektiv nutzen kann. Es ist von großer Bedeutung, dafür zu kämpfen, dass man für bestimmte Dinge, die als besonders wertvoll erachtet werden, keine Patente erlaubt – damit sie möglichst sofort und überall eingeführt werden können. So ist es grundsätzlich falsch, wenn die Länder der Dritten Welt beispielsweise für FCKW-freie Kühlschränke hohe Lizenzgebühren zahlen müssen, oder für eine ganze Reihe von – demnächst gentechnisch erzeugten – Medikamenten. Ganz fatal finde ich, wenn Firmen in Industrieländern solche Patente auf Gene oder gentechnische Verfahren bei Pflanzen und menschlichen Erbeigenschaften beanspruchen, die sie in der Dritten Welt vorgefunden haben. Gandhi hat gesagt: »Indisches Salz gehört Indien.« Und bei den Genen geht es um noch mehr.

AMERY: Summa summarum: Beim Konsumverzicht sind unsere Standpunkte wohl nicht ganz deckungsgleich. Aber vielleicht nähern wir uns doch ein wenig an. Mir ist jedenfalls endgültig klar geworden: Dass sich möglichst viele in Franz von Assisis verwandeln sollen, mag erstrebenswert sein, ist aber unrealistisch, solange es keiner tief in der Gesellschaft verankerten geistigen Strömung entspricht. Und zur Lösung der gewaltigen Probleme reicht es ohnehin nicht aus.

SCHEER: Politikern andererseits, die solchen geistigen Dimensionen fernstehen, wird das Dringlichkeitgefühl fehlen und vor allem der Mut, die entscheidenden Veränderungen auch nur anzusprechen.

4 DIE SAFEKNACKER-KULTUR

Die geistigen Barrieren in den Natur- und Wirtschaftswissenschaften

GREFE: Sie haben politisch-kulturelle Blockaden gegen die solare Kultur aufgezeigt, Selbstbeschwichtigungsstrategien und die Widerstände im Wertesystem der Gesellschaft. Ein Durchbruch der erneuerbaren Energien ist darüber hinaus in besonderem Maße angewiesen auf wissenschaftliche Unterstützung und technologische Fortentwicklung. Gibt es Vorbehalte auch in der Wissenschaftskultur?

SCHEER: Zumindest das 100-Prozent-Ziel wird von der großen Mehrheit der Wissenschaftler noch immer als unwissenschaftlich angesehen, als geradezu unseriös – obwohl es kein qualifiziertes Argument dagegen gibt. Diese analytisch obstruktive, meist auf wenig Information gründende Haltung geht quer durch die Disziplinen, bis hinein in die Deutsche Physikalische Gesellschaft. In deren 2000 veröffentlichtem Memorandum »Physik« steht ein Energieabschnitt, bei dem unter den erneuerbaren Energien nur die Photovoltaik behandelt wird – also weder die solarthermischen Potenziale noch Windkraft oder Bioenergie. Bei der Photovoltaik wird die Notwendigkeit großer Speicherkapazitäten betont – obwohl gerade bei dieser Technologie kleine Speicher gefragt wären. Nichts über die hochinteressanten Möglichkeiten photovoltaischer Stromerzeugung in Energieverbrauchsgeräten, die ein neues Kapitel in der Elektrotechnik aufschlagen werden.

GREFE: Wie deuten Sie eine solche selektive Wahrnehmung?

SCHEER: Das konventionelle Energiebereitstellungssystem wird schon selbst angesehen wie ein physikalisches Gesetz! Wenn dessen Physiker die Grenzen erneuerbarer Energien markieren, weichen sie außerdem meist auf ökonomische Grenzen aus, weil ihnen die Argumente für physikalische Grenzen fehlen. Dabei beanspruchen sie eine Prognosefähigkeit, wie sie kein Wirtschaftsforschungsinstitut jemals riskieren würde: Da wird tatsächlich simuliert, was eine Technologie im Jahr 2050 kosten wird, die jetzt erst am Anfang ihrer Entwicklungsdynamik steht und nicht einmal das Massenproduktionsstadium erreicht hat. Kurzum, wie gesagt: die Möglichkeit einer vollständigen solaren Wende wird in der Mehrheit der betroffenen Wissenschafts-Community tabuisiert. Und das sind nicht mal jene Denksperren, die wegen ökonomischen Eigennutzes errichtet werden – obgleich auch das unter Umständen eine Rolle spielt, darauf werden wir sicher noch kommen. Mich beschäftigt aber zunächst die kulturelle Frage, warum auch Fachleute, die auf keiner pay-roll der Energiewirtschaft stehen, keinerlei Neugierde für die Alternative aufbringen. Neugierde war in der Wissenschaft stets der wichtigste Antrieb!

AMERY: Ich denke, sie haben Angst vor einer fundamental neuen Erkenntnis. Die Bremsen im Kopf der Fakultäten sind doch so alt wie die Wissenschaft. Die Medizin etwa wurde jahrhundertelang akademisch betrieben, ohne dass je eine Leiche aufgemacht wurde. Es gab den alten Galen, es gab die »Vier-Temperamente-Lehre«, danach wurde doziert und Schluss. Ein reiner Binnenbetrieb. Ähnlich war die Reaktion der Schulphysik auf die Entdeckung der Quantenphysik. Da gibt es unzählige Beispiele.

SCHEER: Diesen strukturkonservativen Ideenverweigerungsmechanismus des Wissenschaftsbetriebes haben ja Thomas Kuhn und andere beschrieben.

AMERY: Dass man, ehe sich Paradigmenwechsel wirklich vollziehen können, eigentlich die biologische Ablösung abwarten muss.

SCHEER: So hat es Max Planck in seiner Autobiographie gesagt: Eine neue wissenschaftliche Wahrheit setze sich nur durch, wenn die mit den alten Wahrheiten Etablierten allmählich ausgestorben seien. Würde diese ganze Wissenschaftler-generation, die die Atomenergie und die fossilen Energien als allein seligmachend erklärt und ihr ganzes wissenschaftliches Kategoriensystem darauf abgestimmt hat, zugeben, dass sie ihren Blickwinkel verkürzt und Wesentliches übersehen hat – dann wäre das der Offenbarungseid ihrer eigenen Wissen-schaftlichkeit, ein Großteil ihrer Veröffentlichungen wäre hin-fällig. Ich habe das in einer Fernsehdiskussion mit Klaus Knizia erlebt, einem der Intellektuellen der herkömmlichen Energieversorgung, der lange Zeit Vorsitzender der Deutschen Sektion des sogenannten Weltenergierats war. Der rief irgend-wann entgeistert: Es kann doch nicht alles umsonst gewesen sein, was wir gemacht haben! Sämtliche Entwicklungen der Großkraftwerktechnik zeigte er auf – und das Ergebnis sollte sein, dass jetzt Windräder eingeführt werden? Das war für ihn eine unvorstellbare Zumutung.

AMERY: Man erlebt es auch manchmal in kirchlichen Aka-demien beider Konfessionen: Du bist abends im Weinkeller oder in Tutzing in den Salons, und von einem bestimmten Punkt an fangen die Leute an, in ihren Wein oder ihr Bier zu weinen, sie wüssten ja, dass wir alle Gefangene des Systems seien.

SCHEER: Ein anderer Physiker wurde im Anschluss an eine ORF-Diskussion noch ehrlicher: Wenn Sie Recht haben, sagte er, dann war mein Leben überflüssig. Ich will mich über diese Tragik weiß Gott nicht erheben; das ist individuell ein riesiges seelisches und ethisches Problem. Aber der psychologische Zwang, die Alternative zu verleugnen, unter dem die Pioniere überholter Technologien stehen, hat eben gesellschaftliche Folgen. Auch deshalb wird suggeriert, es gäbe nur Sach-zwänge, die uns gar keine Wahl ließen. Die alte Rechtferti-gungsstrategie. Bei vielen Technologien, gegen die es berech-tigte, schwerste Bedenken gibt, wird eine Eigendynamik beschworen: Die Sache ist nun mal entwickelt, also wird sie auch angewendet. Das Ziel der generellen atomaren Abrüs-tung beispielsweise sei nicht realisierbar, weil das Wissen um die Atomwaffen nicht mehr zu löschen sei. Doch das ist alles Legende. Denn es gibt zahllose nützliche Techniken, die nicht angewendet wurden, und nicht nur gefährliche. Tatsächlich lautet die zentrale Frage: Welchen kulturellen Wert messen wir welchen Werkzeugen bei; für welche würden wir uns auch jetzt wieder entscheiden, wo es überaus dringlich der Überwindung der ökologischen Weltkrise bedarf?

GREFE: Können Sie Beispiele solcher vergessenen, übersehenen, bewusst wieder verworfenen Technologien nennen?

SCHEER: Dass es solare Optionen immer wieder gab, zeigt die ganze Wissenschafts- und Technikgeschichte. Das gesamte Tableau der sonnenenergietechnischen Möglichkeiten wurde bereits im 19. Jahrhundert diskutiert. Die Brennstoffzelle war schon um 1840 entwickelt; wenn sie jetzt in den nächsten Jahren in Serie geht, dann hat ihr Durchbruch 170 Jahre gebraucht. Strom aus Solarzellen hat als Möglichkeit auch schon Werner von Siemens erkannt. Dass man die Solarwärme industriell anwenden könnte, beschrieb Augustin Mouchot bereits 1869 in seinem Buch »Die Sonnenwärme und ihre industriellen Anwendungen«. Auf der Pariser Weltausstellung 1878 präsentierte er eine Dampfmaschine mit einem Parabolspiegel, die sich komplett mit Energie selbst versorgt. Die Sensation von damals steht heute vergessen im Pariser Technikmuseum. Oder dass man mit dem Naturkreislauf wirtschaften müsse, ist schon am Beginn des 19. Jahrhunderts Grundgedanke der ersten forstwirtschaftlichen Gesetze gewesen, die zur Quotierung der Holzschlagmengen führten. Es ist also eigentlich alles schon lange greifbar.

GREFE: Welche kulturellen Prioritäten haben die Entscheidungen so gelenkt, dass bestimmte Werkzeuge ignoriert, dafür andere geschätzt oder sogar überschätzt wurden?

SCHEER: Aus dem breiten Spektrum ist – von der Holzkohle zur Kohle bis zur Atomkraft – stets jene Technologie ausgewählt worden, die aufgrund der höchsten Energiedichte am schnellsten am meisten produzierte; die scheinbar den größten unmittelbaren Nutzen und Verfügbarkeitsvorteil brachte. Ich sage scheinbar! Denn dass fossile Energie in Häusern leichter verfügbar gemacht werden könnte als die intelligente Nutzung von Licht und Sonnenwärme beim solaren Bauen, war augenscheinlich von Anfang an ein Gerücht. Die Geschichte der Baukultur zeigt am allerdeutlichsten, wie einseitige Weichenstellungen zur Verdrängung und zum Vergessen von Kulturleistungen führten.

AMERY: Da stecken natürlich auch Profitmotive dahinter.

SCHEER: Und die Eigendynamik einer einmal getroffenen Wegentscheidung, die zu Monopolstellungen führte: Alles was an neuen Technologien nachkam, war auf die dominante Energiemacht bezogen. Kaum einer weiß beispielsweise, dass der erste Daimler-Motor mit Planzenöl angetrieben war! Aber durchgesetzt wurde die fossile Treibstoffbasis, weil die fossile Energiewirtschaft bereits auf dem Plan war. Und je mehr sich die energieintensiven Technologien etabliert hatten, desto mächtiger und einflussreicher wurden deren Betreiber, und desto erfolgreicher darin, konkurrierende Werkzeuge zu unterdrücken – mit allen Mitteln, manchmal auch dem der Denunziation von Wissenschaftlern durch Wissenschaftler. Was wir lange Zeit beim Fleisch erlebt haben – die gezielte Herabsetzung der wissenschaftlichen Warner durch akademische Agenten der Lebensmittelindustrie – ist tägliche Praxis in der Energiediskussion. Durch Berufung auf die »Gesetze der Physik« wird Protagonisten der Solarenergie sogar der Physikerstatus aberkannt. Als Physik gilt nur die Hochenergiephysik: hohe Verdichtung der Energiemenge, hohe Konzentration, hohe Spannung und, nicht zuletzt, hohe Sprengkraft.

»Der MAMU will sein Futter haben«

AMERY: Die Entscheidung für die fossilen Energietechniken mit ihren langen Wegen war jedenfalls eine Innovation mit zweifelhaften Zielen. Und ihr Denken, das Muster ihrer selektiven Wahrnehmung, hat nicht nur Technologien verhindert, sondern sogar immanente Fortschritte verzögert. Das kann zunächst zu harmlosen, ja lächerlichen Symptomen führen. Nach dem Auftauchen des Automobils etwa dauerte es Jahrzehnte, ehe das Design für ein geschoßschnelles Gefährt über die mehr oder weniger hübsche Nachahmung der Pferdekutsche hinauskam. Was nun die Solarkultur im engeren, im materiellen Sinne betrifft, so dokumentiert sich die Unfähigkeit zum wahrhaft Neuen, das Kleben an alten Mustern am deutlichsten in den Utopien des redlichen alten Ingenieurs- und Unternehmerdenkens. Wenn überhaupt, dann vermag es wahren Erfolg nur im möglichst massiven Umkrempeln möglichst großer Mengen Weltstoff zu imaginieren. Hauptsache gigantisch: Da sollen riesige Solarplantagen auf Millionen von Sahara-Hektaren angelegt werden, welche die eingefangene Energie zunächst in Wasserstoff konvertieren, und der wird dann entweder in riesigen Tankern oder via Pipeline in den energiedurstigen Norden transportiert. Strukturell also alles wie eh und je. Oder man will gewaltige Türme errichten, auf deren Brenn- oder Dampfkammern Hunderte von messerscharf gebündelten Sonnenstrahlen geworfen werden, wodurch wieder etliche hundert Megawatt radial verschickt werden können. Oder man katapultiert gleich ein paar hundert Quadratkilometer Siliziumfolie in die Schwerelosigkeit hinauf, die Sonnenenergie absorbieren und gebündelt in Mikrowellenform auf Transformatorstationen in polarer oder wüstenhafter Isolation hinabsenden, wo sie dann wiederum Prozeduren der Umspannung unterworfen werden müssten, ehe die Energie an die Endverbraucher versandt werden kann. Die wahre Revolution bei der Solarenergie aber ist ihre Einfachheit, weil sie ohne große Umwandlungsschritte funktioniert; man kommt sozusagen ohne Einbruchswerkzeug an die Energie heran und kann sie dezentral nutzen, eben ohne Riesenaufwand. Ich glaube, das stört die Ingenieurskultur. Sehr irritierend. Quasi eine Unverschämtheit von der Sonne, dass sie uns so einfach versorgen könnte.

GREFE: Aber gibt es nicht reichlich technologische Herausforderung für die Ingenieure, die noch relativ grobe Solartechnologie auf ein hohes technisches Niveau zu bringen, beispielsweise den Wirkungsgrad noch weiter zu erhöhen oder die Speicherproblematik zu lösen? Oder haben die Ingenieure Angst vor dem Kleinen?

SCHEER: Manager haben diese Angst häufig. Der ehemalige BDI-Chef Henkel etwa sagte mir einmal, man könne kein Hochindustrieland mit kleinen Energien versorgen. Dabei wäre sein IBM-Konzern in den 80er Jahren beinahe durch eine ähnliche Fehleinschätzung zu Fall gekommen: weil er die Zukunft der elektronischen Datenverarbeitung allein in Großrechnern sah. Doch auch Ingenieure hegen das Vorurteil, dass Lösungen komplizierter Probleme ebenfalls kompliziert sein müssen. Nur wenige sehen die Herausforderung einer intelligenten Solartechnik; außerdem wurde die Sonne als Energiequelle aus dem Denkspektrum eliminiert. Das zeigt sich unter anderem daran, dass die Sonnenenergie in der Energiestatistik gar nicht auftaucht; dort taucht nur Energie auf, die durch Inkasso-Stellen läuft. Unterschwellig löst das Wort Sonne Assoziationen an ästhetischen Genuss aus, an Urlaub, gute Laune, ganz emotional. Dass diese gleiche leichte, heitere Sonne die herkömmliche Energie überflüssig machen soll, die nur durch gigantischen Zerstörungsaufwand errungen werden kann, ist der entscheidende gedankliche Sprung in eine andere Welt – und der fällt schwer. Es ist der gedankliche Sprung, die Sonnenenergie nicht mehr nur als angenehm und mythisch anzusehen, sondern auch wieder als praktisch, das Praktischste überhaupt. Die beste Technik ist die am wenigsten umständliche. Nicht die komplexeste, sondern jene, die mit einfachsten Mitteln ihr Ziel erreicht.

GREFE: Aber diese Einfachheit widerspricht eben einer Kultur der Herausforderung in der Physik und im Ingenieurswesen: Man will Grenzen sprengen, man will Atemberaubendes entdecken und entwickeln. Fühlen sich die Physiker, Ingenieure und Techniker in diesem Anspruch gelangweilt, missachtet, unterfordert?

AMERY: Der Friedensforscher Johan Galtung hat einmal den schönen Satz gesagt, der erfolgreichste Zeitgenosse überhaupt sei der MAMU, der männliche Akademiker mit Universitätsabschluss. Und dieser MAMU will natürlich sein Futter haben. Sowohl was den Status als auch was Ansprüche und Karrieremöglichkeiten im Job angeht.

GREFE: An dieser Stelle ein kleiner Exkurs: Ist, was Großtechnik- und Komplexitäts-Euphorie angeht, die SPD ein besonders leidenschaftlicher Kulturträger?

SCHEER: Natürlich. Das geht auf ihre frühesten Ursprünge zurück: die von Marx gepriesene technische Entwicklung der Produktivkräfte, die ganz schnell bei unkritischem Fortschreibungsdenken endet. Allerdings ist das mittlerweile bei uns nicht mehr so stark ausgeprägt wie etwa bei der Labour Party oder den schwedischen Sozialisten. In Deutschland haben wir seit den 70er Jahren eine die SPD breit erfassende grüne Diskussionsströmung, die seinerzeit indirekt auch die Gründung der Grünen mit auslöste. Im Übrigen herrscht in der Frage der Energieversorgung Einheitsdenken in allen Wirtschafts- und Gesellschaftskonzepten der Neuzeit: von den Verfassern des Energiewirtschaftsgesetzes von 1935, Hitlers Energie-Ermächtigungsgesetz, bis zu den französischen Kommunisten, die in der Allparteienregierung von 1945 – 1947 die treibende Kraft für die Gründung der EDF waren und damit den Massentod der Stadtwerke Frankreichs bewirkten. In Italien waren es die Linksparteien, welche in den 50er Jahren die Gründung des Staatskonzerns ENEL forcierten, das galt als soziale Großtat. Im kapitalistischen Amerika lief das nicht anders. Heute sind es die Neoliberalen, die an den Energiekonzernen kleben. Am nächsten steht ihnen, was die überzeugte Kampfansage gegen erneuerbare Energien betrifft, die FDP, die angebliche Mittelstandspartei.

AMERY: Der Kalte Krieg enthüllt sich hier nachträglich als ein ungeheurer Zeitverlust: Er war ein Konfessionskrieg unter der Dramaturgie einer überwölbenden ökonomistischen Dogmatik, der keiner der beiden Kontrahenten zu entrinnen vermochte. Auf dem Dach des alten Moskauer Elektrizitätswerks prangte in dreidimensionalen Lettern das Leninwort: »Kommunizm, eto jost sovjet wlast plus elektrifikatsija wsej stranji« – Kommunismus, das ist Sowjetmacht plus Elektrifizierung des ganzen Landes. Und die wurde, wie bekannt, über ungeheure Kraftwerkzentralen forciert. Fünfzig Jahre nach Lenin schloss der Schwiegerwohn Chruschtschows, Adschubej, in Kalifornien einen Riesendeal mit dem Kommunikationsriesen AT&T ab, und beim üblichen Abschlussbankett brachte er einen Trinkspruch aus »gegen die Ideologen, die das wirtschaftliche Wachstum stoppen wollen«! Natürlich führte das auch zu verblüffend ähnlichen Prioritäten im Wissenschaftsbetrieb.

Scheer: Spätestens seit der Entdeckung der atomaren Spaltung hat sich die Physik die Krone der Wissenschaft aufgesetzt. Allmählich wird sie ihr zwar von den Biotechnologen entrissen – aber im 20. Jahrhundert war die Physik, genauer gesagt die Hochenergie-Physik, die absolute Herrscherin, Königin der Wissenschaft. Je komplexer, je gefahrvoller, je mehr »sophisticated« die Physiker sein mussten, desto höher der Thron. Wenn man Grenzen des Verantwortbaren überschritten hatte, erteilte man sich mit der gleichen Hybris die Absolution, die in diesem Vorgang der Grenzüberschreitung schon drinsteckte: Man werde gewiss auch die geeignete Technologie finden, um wieder in die Grenzen zurückkehren zu können. Wer daran Zweifel hat, gilt als Technikpessimist.

Amery: »Man wird schon was finden«, das war und ist die Formel – den berühmten »Durchbruch« nämlich. Ich erinnere mich an eine Unterhaltung vor einem Vierteljahrhundert mit meinem damaligen Verleger (einem humanistisch, also nicht gerade technisch gestimmten Manne), der die ordnende Rolle der internationalen Konzerne in der eben verebbenden Ölkrise von 1973 pries. Im weiteren Verlauf der Gespräche unterstrich er seinen festen Glauben an den technischen Durchbruch, der uns, d.h. die Menschheit, schon auf die nächste Stufe der Zivilisation bringen würde. Daraufhin er-

zählte ich ihm die Geschichte von dem abgebrannten Hoch-
stapler, der in ein Nobelrestaurant geht und, als die Rechnung
kommt, ankündigt, er werde so lange weitere Portionen
Austern bestellen, bis endlich eine dabei sei, in der sich die
Perle zur Bezahlung finde. Suche und Durchbruch.

»Ökologie ist die Wiederherstellung des Zusammenhangs«

SCHEER: Suche und Durchbruch, das Begriffspaar der Ver-
messenheit in der Physik gilt ja noch immer. Die beiden aktuellen Empfehlungen zur krampfhaften Fortsetzung der
Atomenergie sind der sogenannte »inhärent sichere Reaktor«
– als gäbe es dann keinen Atommüll mehr – und, als totale
Illusion, der Fusionsreaktor. Der nächste Großforschungsan-
satz gilt dem Versuch, das überschüssige CO_2 in den Ozean
zu bringen. Oder wieder dahin, wo die fossile Energie heraus-
kommt – die Rückabwicklung der globalen Ketten. Auch
noch die aufwendigsten, verrücktesten Ansätze werden verfolgt – Hauptsache, es ändert sich nichts an den Strukturen!
Hauptsache das, was als Errungenschaft gilt, kann fortgesetzt
werden. Koste es, was es wolle. Der solare Ansatz aber wird
verniedlicht. Da müssen dann lauter Hilfsargumente herhal-
ten: die angeblich mangelnde Energiedichte, die kleinräumige
Technologie; man verabsolutiert die gegenwärtige Situation,
dass der Anteil der Solarenergie an der aktiven Energieversorgung noch sehr gering ist, und folgert daraus kategorisch, sie
könne doch kein Weltproblem lösen. Eine reine Suggestiv-
argumentation. Nietzsche hat ja mal gesprochen von der
Herrschaft des Tatsächlichen. Das Tatsächliche sind heute Öl,
Atom- und andere Großkraftwerke, also alles, was in den
Energiestatistiken erscheint. Dabei fehlt die soziale Zukunfts-
phantasie, hochzurechnen und sich auszumalen, wie der breite
Einsatz der Solartechnik die Gesellschaft, die Infrastruktur, ja
auch die Möglichkeiten der Technik selber verändern würde.
Dass solch kreatives Denken kaum eingeübt wird, ist ein im-

menses Versagen. Ahistorisch und blind nach links und rechts denken auch Physiker nur in simplen Austauschprozessen von Energieträger zu Energieträger. Da merkt man das Fehlen der Energiesoziologie.

AMERY: Wir denken eben nur geradeaus. Linear. Monokausal.

SCHEER: Die linearen Denktraditionen haben besonders in Naturwissenschaft und Technik dominiert. Zum Zeitpunkt ihrer Entstehung waren sie *state of the art*. Doch gemessen an den heutigen Erkenntnis- und Informationsverarbeitungsmöglichkeiten, sind sie geradezu unverantwortlich rückwärtsgewandt. Man löst einen Gegenstand aus seinem Zusammenhang, um Komplexität zu reduzieren, und entwickelt darauf bezogen Technologien, die wieder komplex werden müssen, weil man bei der Sezierarbeit wesentliche Funktionen des Zusammenhangs übersehen hatte. Dieser lineare Ansatz hat zwar auch in der Physik in kurzer Zeit fantastische wissenschaftliche Einzelleistungen hervorgebracht. Doch der Zustand der Welt ist dadurch nicht besser geworden, sondern bedrohlicher. Anfang des 20. Jahrhunderts schrieb ein gewisser von Urbanitzky das Buch »Die Elektrizität im Dienste der Menschheit«. Darin schwärmt er von seinem Ziel: dem »Unterjochen der Naturkraft durch Maschinen«. Dieses Ziel ist erreicht – nun aber gerät die Naturkraft in Rage und schlägt zurück. Die Kräfte der Natur nämlich sind nicht voneinander zu trennen: wird eine beherrscht oder zerstört, stehen andere auf und hurrikanisieren, taifunisieren, überschwemmen und verwüsten uns. Jetzt stehen die naturwissenschaftlichen Naturbeherrscher vor dem Offenbarungseid.

GREFE: Immerhin: Für viele Menschen, auch und gerade in manchen Entwicklungsländern, ist das Leben durch wachsenden Wohlstand leichter geworden.

SCHEER: Ich widerspreche der Generalentschuldigung, die unbestreitbaren Erweiterungen menschlicher Möglichkeiten durch Technik erforderten den Preis einer – möglichst, aber dann meist doch nicht reparablen – Naturzerstörung. Ich setze dagegen, dass wir wegen der unflexiblen Vermachtung der Energietechnik, ihrer Konzentration in ganz wenigen Händen, weit unter unseren wissenschaftlich-technischen Möglichkeiten bleiben. Die Großkraftwerke, die allesamt mit Dampfpressen arbeiten, nutzen eine Technik des 18. Jahrhunderts; sie sind ebenso überholt wie die Weltbilder des vortechnologischen Zeitalters.

AMERY: Ich glaube, unendlich wichtig in Bezug auf die Ökologie ist die noch weiter gehende, keineswegs fatalistische Einsicht, dass unser Erkenntnisapparat für das Erfassen der vollen Wahrheit leider gar nicht konstruiert ist. Diese Erkenntnis verdanke ich der evolutionären Erkenntnistheorie. Physisch hat uns die Gattungsgeschichte gelehrt, mit drei Dimensionen umzugehen, mit Länge, Breite und Höhe – unser Mittelohr zeigt uns etwa beim Schwimmen an, in welche der drei Richtungen es geht. Aber diese Zweckmäßigkeit unseres Sinnesapparats macht es uns beinahe unmöglich, uns mehr als drei Dimensionen vorzustellen. Das wird dann vollkommen abstrakt. Sie hat uns auch unseren Zeitbegriff organisiert: immer eins schön nach dem anderen. Und alles monokausal. Das reicht scheinbar aus für die kapitalistische Wirtschaft und ihre Wissenschaft. Die viereckige Tomate wird allein wegen der Verpackung gezüchtet – die möglichen Kollateralschäden dieser Züchtung kann man sich in ihrer potenziellen Vielfalt gar nicht ausdenken. Ich will als Beispiel für dergleichen nicht berechenbare Komplexität eine historische Begebenheit erzählen: Richelieu hat mal im Frieden eine kleine Armee von Südfrankreich an die Küste verlegt, um die Hugenotten zu züchtigen. Der Zug dieser Armee kostete Zehntausende von Menschenleben, und zwar ohne jede Kriegstätigkeit. Erst einmal haben die Soldaten auf dem Weg marodiert. Daraufhin sind die Bauern in die Städte geflohen, und das zufällig zu der Zeit, als die Felder bestellt werden mussten. Bis die Bauern zurückkamen, war die Saison vorbei, und die Nahrungsmittel waren bis ins 19. Jahrhundert hinein so knapp, dass ein solcher Ausfall zu einem unglaublichen Kollaps führte. Hunger und Seuchen waren die Folgen. In den Städten herrschten sie sowieso, seit die Landbevölkerung in sie hineingeströmt war, ohne dass entsprechende Hygienestrukturen vorhanden gewesen wären. Dieses kleine Heer ließ ein Kielwasser der Verwüstung hinter sich, an das Richelieu überhaupt nicht gedacht hat. Nicht denken konnte. Sein Ziel war einzig ein Schachzug gegen die Hugenotten. Genau dieses monokausale Muster bestimmt unsere Existenz – auch bei den Entscheidungen, die die Ökologie ganz direkt betreffen. Wir haben immer nur die causa finalis im Kopf. Wenn wir nicht trainieren, dann reichen unsere Entscheidungsstrategien nicht aus, den menschlich erfreulichsten Erfolg zu garantieren. Aber trainieren kann man, das ist meine – ebenfalls aus der evolutionären Erkenntnistheorie gespeiste – Hoffnung.

SCHEER: Ich las neulich einen Bericht von Johannes Willms über eine Insel im Atlantik, auf der sich Beobachtungs- und Sendestationen britischer und amerikanischer Militärs befinden. Die ersten, die da hinkamen, hatten wohl Ratten auf dem Schiff; es gab also sofort eine zuvor unbekannte Rattenplage. Daraufhin setzten die Soldaten Katzen aus, damit sie die Ratten fräßen. Sie dachten aber nicht daran, dass die Katzen viel lieber die zahllosen Vögel jagten, die auf den Felsen ständig Rast machten. Folglich kam zur Rattenplage die Katzenplage noch hinzu.

AMERY: Es ist auch eine Konsequenz aus dieser Begrenztheit menschlicher Denk- und Hochrechnungsfähigkeit, dass wir uns bei der Verwirklichung technischer Vorhaben von vornherein auf die Möglichkeit des Versagens einrichten sollten. Wenn ich bei technischen Katastrophen als Erklärung höre oder lese: »menschliches Versagen«, dann ist klar, dass hier ein Mensch oder auch mehrere einfach überfordert wurden. Und wir steuern immer unerbittlicher in technische Systeme hinein, die einfach kein menschliches Versagen mehr erlauben. Die Sicherheit eines Atomkraftwerks ist kein technisches, es ist ein menschliches, sagen wir ein psychologisches Problem. In der Geschichte der technischen Fortschritte wird der Zusammenbruch eines technischen Systems in der Regel heroisiert – von der »Brücke am Tay«, einer schottischen Eisenbahnkatastrophe im 19. Jahrhundert, die Fontane zu einer Ballade inspiriert hat, bis zu den aufräumenden Helden von Tschernobyl, deren Einsatz beileibe nicht lächerlich gemacht werden soll. Was ihr Einsatz vielmehr hervorrufen müsste, ist unendlicher Zorn – Zorn über eine Entwicklungsrichtung der Technologie, die Fehler einfach für unmöglich erklärt. Aber das beschränkt sich ja nicht auf die Atomindustrie, das gilt in weiten Bereichen der Ökonomie. Ein Konzentrationsprozess in der Wirtschaft, der dazu führt, dass bei einer Krise – und Krisen kommen bei jeder wirtschaftlich handelnden Unternehmensform vor – gleich alles den Bach heruntergeht, kann ebenfalls nicht fehlerfreundlich sein.

SCHEER: Auch was die Erdatmosphäre zerstört, kann nicht fehlerfreundlich sein.

AMERY: Es war ein Verdienst der Ökologie, diesen Ansatz voranzutreiben. Der ökologisch denkende politische Akteur sollte bei jeder einzelnen Entscheidung nachfragen: Welche Konsequenzen hat sie im Bezug aufs Gesamte? Ein Anspruch, der wichtige neue Impulse in die Wissenschaft hineingebracht hat – die aber wieder verloren gegangen sind. Die Ökologie-Bewegung hat leider auf halbem Weg Halt gemacht und sich dann eingemeinden lassen. So hat sie ihre Attraktivität verloren. Ökologie ist die Wiederherstellung des Zusammenhangs!

»Am Ende weiß einer alles über gar nichts«

GREFE: »Wiederherstellung des Zusammenhangs«: Was bedeutet das in der praktischen Umsetzung? Zum Beispiel, die hoffnungslose Arbeitslosigkeit in Ostdeutschland mit der Rückkehr der Primärwirtschaft zu verknüpfen: neue Arbeitsplätze in der Landwirtschaft gerade dort, wo es weniger Industrie gibt?

SCHEER: Solare Ökonomie heißt tatsächlich, mehrere Fliegen mit einer Klappe schlagen, wider dieses schlichte Axiom der Wirtschaftswissenschaften, dass man angeblich mit einer Maßnahme nur eine Funktion erreichen kann. Man kann das genau aufzeigen: Wenn man sich einmal all die Probleme der Agenda 21 vor Augen führt – vom Waldsterben über Klimawandel und Ozonloch bis zum Wassermangel –, dann lassen sie sich alle auf die gleiche Ursache zurückführen: den falschen Energieeinsatz. Mit dessen Veränderung, einer Schlüsselmaßnahme, kann ich also vielfache Wirkungen erreichen. Das aber setzt systemisches Denken voraus, im Gegensatz zum monokausalen. Systemisches Denken wird leider auch an den Hochschulen kaum gelernt. Eine Ursache dafür ist, wie eingangs schon erwähnt, der Verlust der Universalität.

AMERY: Die Naturwissenschaftler können die Dinge nicht mehr zusammenschauen. Bei Siemens und anderen Firmen bemühen sie sich dann, in Universalitäts-Kursen alles nachzuholen. Universalität, ein Wochenende lang. Aber so einfach ist das nicht. Universelle Bildung muss wachsen, und die Leute geben selbst zu, dass sie von den aufgesetzten Crashkursen nichts haben. Die *déformation professionelle*, die Spezialisierung, sitzt schon zu tief in den Köpfen.

GREFE: Was heißt universelle Perspektive, bezogen auf die solare Frage?

AMERY: Fragen Sie mal einen Physiker: Wie sieht eigentlich Ihr wissenschaftliches Weltbild aus? So etwas gibt es doch da gar nicht mehr. Groteskerweise höchstens noch bei interessierten Laien.

Grefe: Andererseits hat die Spezialisierung der Wissenschaft, wie zuvor schon erwähnt, ungeheure Leistungen hervorgebracht. Ist also nicht das Schlüsselwort Kommunikation? Wäre universelles Denken zumindest teilweise rekonstruierbar, indem sich zum Beispiel Architekten mit Agrikulturexperten und Energiefachleuten systematisch zusammentun und austauschen über die Frage, wie sich das alles querschalten lässt zu einem ökologisch-nachhaltigen, solar gespeisten System? Wie kann sich der Wissenschaftsbetrieb dementsprechend verändern?

SCHEER: Ein ökologisches Studium generale als Post-graduate-Studium, neue Curricula, neue Denkschulen – da würde mir schon eine Menge einfallen. Man hat an sich im Wissenschaftsbetrieb durchaus frühzeitig erkannt, dass Über-spezialisierung auch zu Einseitigkeiten und Ausblendungen führt. Unter anderem deswegen entstand ja die Systemtheorie; sie ist der moderne Versuch, Universalität wieder herzustellen. Aber die Systemtheorie hat eher Spezialwissenschaften ad-diert, als ginge das wie bei einem Mosaik: Man stellt alles nebeneinander und verfugt einige Verbindungen, damit die Übergänge nicht zu brüchig sind. Ein neuer Ansatz zusam-menhängenden Denkens war das nicht. Auch der Gedanke der Technologiefolgenabschätzung zielt darauf, den Zusam-menhang zu rekonstruieren. Aber wirklich ernst genommen wurde er nie. Jeden, der das Spezialistentum allzu deutlich kritisiert, erreicht vielmehr irgendwann die Bannbulle: Hier rede ein Irrläufer oder Außenseiter. Ein typisches Beispiel ist Erwin Chargaff. Einer der größten Wissenschaftler auf dem Gebiet der Biotechnologie, ein Pionier der Gentechnologie – der aber als unsachlich, kulturpessimistisch, gaga abgestem-pelt wurde, weil er auf die Gefahren der Gentechnik aufmerk-sam machte. Klaus Traube, einstmals Koordinator des Pro-jekts Schneller Brüter, wurde ebenfalls exkommuniziert, als er aus unmittelbaren Erfahrungen heraus zum Atomkritiker wurde. So ging es auch Robert McNamara, der als Verteidi-gungsminister das Interkontinentalraketen-Programm startete und dann zum Befürworter vollständiger Atomwaffenabrüs-tung wurde.

AMERY: Chargaff war ein Jeremias! Günter Nenning, der alte Purzelbaumschläger, hat einmal gesagt, alles laufe darauf hinaus, dass am Ende einer alles über gar nichts mehr weiß.

GREFE: Spezialisierung ist das eine Problem. Aber Chargaff und die anderen Wissenschafts-»Ketzer« stehen auch dafür, dass sie den Aberglauben an die Kontrolle der Natur in Frage stellen. Arnold Gehlen hat einmal gesagt, dass dieser Aberglaube der Magie wie der Wissenschaft gleichermaßen zu eigen sei; dass beide einer gemeinsamen Wurzel entsprängen.

Die Rekultivierung der Erde

AMERY: Man hat die Magie als Vorform der Wissenschaft definiert.

SCHEER: Einen überschäumenden, total unkritischen Technikoptimismus gibt es jedenfalls dort, wo ein wirtschaftliches Interesse entdeckt wird, gegenwärtig etwa bei der Biotechnologie. Immerhin gibt es dort reichlich Anlass zu Vorsicht und Skepsis; ist doch keineswegs einheitlich geklärt, was genau und wie deterministisch ein Gen tatsächlich ist. Der geradezu jämmerliche Technikpessimismus in Bezug auf die Solarenergie ist nicht zuletzt mit ihrer im Vergleich geringeren ökonomischen Ausschlachtbarkeit durch Energiemonopolisten begründbar. Sie ist die allererste Innovation, die einem mächtigen Wirtschaftszweig diametral entgegensteht. Der Widerspruch ist dennoch frappant: Dieselben Leute, die zu den abenteuerlichsten Höhenflügen ansetzen, vom Hotelbau auf dem Mond über die »Mind Technology« mit Computern im Gehirn bis zur Informationsverarbeitung mit Geräten in Knopflochgröße, halten die Dezentralisierung der Energieversorgung für einen Traum von Spinnern. Wie passt das zusammen? Warum kommt das Argument besser an, dass man im Prinzip alle Grenzen sprengen könne, als die Aussicht auf die einzigartige Chance, unsere elementaren Bedürfnisse mit der Natur statt gegen sie dauerhaft und emissionsfrei befriedigen zu können?

AMERY: Ich sehe auch hier wieder das grundsätzliche Misstrauen gegen Denkmuster, die kein materielles Wachstum mehr implizieren. Der ständige Ausgriff ist für die Wirtschaftswissenschaften die conditio sine qua non. Wenn du den permanenten Ausgriff aufgibst – sei es bei der Produktivität pro Arbeitsstunde, bei der Menge des Ausstoßes an Gütern, des Konsumanspruches –, dann scheint es nur verfallende Ruinen zu geben. Du musst immer weiter. Wie beim Fahrrad, das rollt und rollt, du musst weiter, sonst fällst du auf die Nase. Auf die Dauer bringt dieser Anspruch, dass immer mehr, bis zur Patentierung des Lebens, in unsere Disposition genommen werden muss, für die Menschheit den Konkurs. Kulturell gesehen steckt hinter der wissenschaftlichen Resistenz gegen solare Ideen eine fast panische Flucht vor der Möglichkeit der Einfachheit. Ich nenne das mal die gesellschaftliche Thermostateinstellung, die sich völlig verändern, verlangsamen würde.

SCHEER: Zahllose Funktionsträger würden überflüssig.

AMERY: Das ist wichtig. Man stelle sich mal auf einem anderen Gebiet Vergleichbares vor, nämlich dass die Bevölkerung plötzlich gesund wäre – das wäre doch ein Wirtschaftszusammenbruch ohnegleichen. Wahnsinn, was da für Jobs verloren gingen. Auch bei der solaren Energieproduktion fielen plötzlich die Kunden weg. Und das träfe nicht bloß finanzielle Interessen, es hätte auch kulturelle Folgen. Würde der Thermostat umgeschaltet, dann stünden wir plötzlich da und hätten nicht dauernd etwas zu tun. Wir müssten nicht dauernd irgendwo dran drehen, irgendwas basteln, wären plötzlich in einem Zustand, wo man entweder meditieren müsste oder sechs Stunden am Tag den Fernseher einschalten. Die Zahl der beweglichen Teile, der mechanisch beweglichen Teile der Gesellschaft würde sich in der solaren Ökonomie deutlich verringern.

GREFE: Sie haben von der abweisenden Haltung unter Physikern gesprochen. Und wie greifen die Wirtschaftswissenschaften dezentrale Ökonomiemodelle auf?

SCHEER: Das 21. Jahrhundert wurde ja ausgerufen als ein Jahrhundert der Ökonomie. Ich weiß zwar nicht genau, was das bedeutet, denn ein Jahrhundert ohne Ökonomie wird es nie geben. Aber wenn man den umfassenden neoliberalen Anspruch beobachtet, die ganze Welt einzig nach ihrer Doktrin zu gestalten und jede andere Kultur durch Ökonomie zu ersetzen, dann leuchtet mir diese Charakterisierung sogar ein. Institutionell abgesichert hat diese Ökonomie, was Egon Matzner als »Washington-Konsens« beschrieben hat: eine Vorstellung von Marktfreiheit, die mit marktwirtschaftlicher Ordnung eigentlich nichts mehr zu tun hat, sondern bei der es nur darum geht, Kosten auf Kosten aller abzubauen. Die neoliberale Denkschule disqualifiziert sich schon allein durch den unglaublichen Widerspruch, ständig von Globalisierung zu reden, dabei aber volkswirtschaftliche Betrachtungsweisen zu eliminieren und Wirtschaft auf Betriebswirtschaft zu reduzieren. Eine Verkleinerung des ökonomischen Methodenansatzes soll ein vergrößertes Problem in Angriff nehmen – das ist ein Widerspruch in sich, der Ausdruck einer ideologisierten Wissenschaftskultur. Dabei erhält das Prädikat, wirtschaftskompetent zu sein, nur derjenige, der die radikale Marktökonomie brav goutiert.

AMERY: Ich bin weder mit Wirtschaftswissenschaft noch mit Theologie besonders vertraut. Aber ich kenne mich ein wenig in Ideen- und Geistesgeschichte aus, und es drängt sich mir der starke Eindruck auf, dass die Wirtschaftswissenschaften an einem ähnlichen Punkt angelangt sind wie die scholastische Theologie in ihrer spätmittelalterlichen Deformation: Man geht sehr spitzfindig nur noch mit selbstgestellten Problemen und Problemchen um, die auf einem engen und höchst fragwürdigen, aber nie mehr grundsätzlich hinterfragten Dogmenfundament ruhen. Wie viele Engel passen auf eine Nadelspitze?

SCHEER: Auf die Spitze treiben die Energiewirtschaftler jedenfalls ihre Milchmädchenrechnungen. So belegt die Vereinigung der deutschen Elektrizitätswerke die angeblichen Mehrkosten durch das Erneuerbare-Energie-Gesetz folgendermaßen: Sie nehmen die durchschnittliche, gesetzlich festgelegte Vergütung für die Einspeisung von Strom aus erneuerbaren Energien, etwa 17 Pfennig pro Kilowattstunde, multiplizieren diese mit der Gesamtzahl aller so eingespeisten

Kilowattstunden und kommen auf »Mehrkosten« von 4 Milliarden Mark – als sei dieser Strom Nullkommanull wert. Wirtschaftsjournalisten verbreiten dies kritiklos und Aufsichtsbehörden genehmigen entsprechend höhere Strompreise. So versucht man, die Öffentlichkeit gegen die Alternative aufzubringen.

AMERY: Der effektive Zustand des Ökonomismus ist Fundamentalismus. Fundamentalismen zeichnen sich durch eine geschlossene Logik aus. Gerade auf dieser Hermetik beruht ihre Anziehungskraft. Die Leute können die Tür hinter sich zuschlagen. Was nicht ins Schema passt, das gibt es nicht.

»Ökonomie ist ein Unterfall der Ökologie«

SCHEER: Am deutlichsten erkennt man die Insuffizienz der neoliberalen Dogmen in der Landwirtschaft. Der Gipfel war 1994 das WTO-Abkommen, das landwirtschaftliche Erzeugnisse Industrieerzeugnissen praktisch gleichstellt. Eine absolut absurde Konstruktion! Denn die landwirtschaftliche Produktion ist nun mal abhängig von Geografie, Böden, Wasser und Klima, und weil die überall verschieden sind, können die Produkte auch nur zu völlig unterschiedlichen Kosten hergestellt und zu verschiedenen Preisen regional vermarktet werden. Die Gleichstellung auf dem Weltmarkt ist hanebüchen! Denn ihre Konsequenz ist, dass die Länder mit den günstigsten Produktionsbedingungen den Weltmarkt tendenziell allein bedienen, so wie das heute bei einigen technischen Produkten der Fall ist. Mit der Folge eines gigantischen Transportaufwands und einer totalen Überbeanspruchung der guten Böden – bis sie das nicht mehr sind und die Hungerkatastrophe vor der Tür steht. In den Wirtschaftswissenschaften herrscht eine gefährliche Unkenntnis über die Natur.

AMERY: Eine Wirtschaftswissenschaft, die die Spirale der Bedürfnisweckung und -erfüllung in sich trägt und für das Nonplusultra hält, wird alles, was diesen Gedanken in Frage

stellt, abwehren. Das wittert doch jeder, dass mit der Solarenergie mehr einhergeht als ein bloßer Werkzeugwechsel. Sie
wirkt unmittelbar systemstörend, die Zahl der Inkassopunkte
etwa, an denen jemand etwas verdienen kann, vermindert sich
drastisch. Den ökologischen Ansatz hereinzunehmen, würde
einer gigantischen Systemanstrengung bedürfen – die ihrer-
seits Energie erfordert. Auch ein Energieproblem. Denn diese
zusätzliche Energie wird ungern mobilisiert.

SCHEER: Meine zentrale Kritik an der heutigen Ökonomie,
über ihre Natur-Ignoranz hinaus: Auch sie denkt, wie die Physik, weder energie- und wirtschaftssoziologisch, noch in historischen Prozessen. Das zeigt vor allem ihr Umgang mit dem
dramatischen Energiebedarf der sogenannten Dritten Welt.
Unser Energiesystem ist in zweihundert Jahren entstanden.
Das heißt: Es gab allmähliche Gewöhnungsprozesse der Ökonomie, der Infrastruktur, der Siedlungsformen, der gesamten
Kultur. In der Dritten Welt aber ist man mit einem Satz in die
energieintensive Industriekultur gesprungen, da passierte alles
auf einen Schlag, und die Energiesysteme waren in keinerlei
Korrespondenz mit der Siedlungs- und Infrastrukturentwick-
lung. Ein Kulturschock. Seine Folgen: anhaltende Landflucht,
weil die Dörfer von Energieströmen und damit Entwicklungs-
chancen abgehängt sind; Verstädterung, Verslumung. Die
Städte werden immer mehr verwahrlosen. Wenn der Weltent-
wicklungsbericht oder im vergangenen Jahr die »Urban 21«-
Konferenz in Berlin davon ausgehen, dass im Jahr 2050 acht-
zig Prozent der Weltbevölkerung in Städten leben werden,
dann ist das eine Überlegung ohne jede energetische Basis.

GREFE: Immerhin sind die Probleme doch zumindest erkannt. Es gibt auch bereits Lehrstühle für Umweltökonomie.

SCHEER: Doch leider sind dort viele der reinen Preis- und
Kostenideologie auf den Leim gegangen, die jedes andere
Motiv konsequent ausblendet. An diesem Denken kleben sie
jetzt fest, wie das viel zu kurz gedachte Rezept des Emissionshandels gegen die Klimagefahr zeigt. Die konventionelle Ökonomie weigert sich noch immer, das ihr Übergeordnete zu ak-

zeptieren: den ökologischen Rahmen ihres Handelns. »Versöhnung von Ökologie und Ökonomie«, das klingt immer so, als sollten sich gleichberechtigte Interessen vertragen. Es ist aber, wie eingangs gesagt, ein klares Hierarchieverhältnis: Die Ökologie beschreibt stets die Funktionsweise eines gesamten Gebäudes. Während die Ökonomie nur die Art und Weise umfasst, wie dieses Haus verwaltet wird; ihr Gegenstand ist sozusagen die Hausverwaltung. Die Ökonomie ist eindeutig ein Unterfall der Ökologie. Es ist doch überhaupt keine Frage, dass das verkürzte Denken der Wirtschaftswissenschaft hauptverantwortlich ist auch für eine gesellschaftliche Ideologie, die mit ihrer Ökologie nicht zurande kommt. Sie hält an der Hierarchie künstlicher ökonomischer Prinzipien, zum Beispiel dem Wettbewerbsrecht, fest und stellt es über die Erhaltung unserer Lebensgrundlagen.

AMERY: Der Hauptwiderspruch zwischen beiden bleibt die zeitliche Dimension des Denkens: Ökologie setzt immer längerfristige Kalkulationen voraus. Eine betriebswirtschaftlich verengte Ökonomie hingegen schaut nicht weit voraus, sondern nur von jetzt bis gleich.

SCHEER: Das Problem ist vor allem, dass das langfristige Denken erst einmal höhere Anstrengung erfordert. Ökologie heißt, Ressourcenkosten zu sparen, beziehungsweise sie wie bei der Solarenergie völlig zu vermeiden. Ressourcenkosten vermeiden heißt: Man hat aktuell mehr Aufwand, um die Vermeidung sicherzustellen, dafür aber mittel- und längerfristig weniger oder keinen mehr. Ähnlich ist es beim Materialeinsatz. Wertvollere Stoffe bedeuten oft längere Haltbarkeit, und auch das heißt: Am Anfang sind sie zwar teurer als Wegwerfmaterialien – auf zehn oder mehr Jahre gedacht aber nicht mehr. Vor allem wegen der Kurzfristigkeit der Planungen ist im ökonomischen – übrigens auch politischen – Spiel der Postmoderne die Ökologie an den Rand gedrängt worden.

GREFE: Damit unterstellen Sie, dass an den ökonomischen Lehrstühlen zu wenig unabhängig gedacht wird.

SCHEER: Solarpassivität entsteht auch durch wissenschaftlichen Opportunismus, kulturelles Anpassungsverhalten. Der Wissenschaftsbetrieb ist ja, weil der Staat sich zurückzieht, zunehmend auf Drittmittel angewiesen. Er wird also immer stärker von äußeren Interessen regiert. Als Folge geben zahllose Physik- und Wirtschaftsprofessoren, auch Rechtsprofessoren ihren guten Namen für Gefälligkeitsgutachten her.

AMERY: »Akademische Call Girls«, so hat Arthur Koestler in einem satirischen Roman einmal die Eitelkeit der Wissenschaftler verspottet.

SCHEER: Da gibt es Fachzeitschriften, die sind angefüllt mit juristischen Aufsätzen, die sich bei näherem Hinsehen als Texte aus Gutachten für irgendeinen Energiekonzern entpuppen. Für die Zeitschrift »Recht der Energiewirtschaft« beispielsweise gilt: Nomen est omen. Oder Professor Voß von der Universität Stuttgart behauptet in Gutachten über erneuerbare Energien (die man eher Schlechtachten nennen sollte), die Atomenergie sei genauso ungefährlich wie Photovoltaik oder Windkraft – natürlich ohne irgendeinen solaren GAU aufzeigen zu können. Drittmittelfinanzierungen führen dazu, dass Unternehmen längst die Forschungsrichtung von Universitätsinstituten mitbestimmen. Es gab ja schon Abmahnungen von Kultusministern, weil akademisches Personal vor lauter Fremdbestimmung seinen Lehrverpflichtungen nicht mehr anständig nachkam. Heilsam wäre es, wenn an den Universitäten zumindest die Regel durchgesetzt würde, dass jeder Professor, der ein Gutachten schreibt oder Fördermittel für Forschungsvorhaben bekommt, Auftraggeber und Summe veröffentlichen muss. Es ist doch symptomatisch: Ansätze, eine Denkschule für ökologische Ökonomie, also für dezentrales Wirtschaften zu begründen, wurden nicht ergriffen. Zugleich ist das natürlich auch ein Versagen der Wissenschaftspolitik, deren Aufgabe die wissenschaftliche, analytische Unterfütterung eines als notwendig erkannten Ansatzes ist.

GREFE: Das Wuppertal-Institut beispielsweise arbeitet doch genau an diesen Fragen.

SCHEER: Richtig, aber Denkschule bedeutet mehr, als dass hier und da ein Lehrstuhl für Umweltökonomie oder ein Institut existiert. Um die Bedeutung solcher Wissenschaftsinstitutionen zu zeigen, erinnere ich an die 50er Jahre: Da wurde die Deutsche Hochschule für Politik gegründet, das heutige Otto-Suhr-Institut. Man holte hervorragende Leute von Flechtheim bis Fränkel dorthin, um den Grundgedanken der repräsentativen Demokratie bei Meinungsträgern und Meinungsbildenden zu verankern, und zwar in seriöser Tiefe, auf wissenschaftlicher Grundlage. Keine Frage, dass diese Hochschule für Politik für die Entwicklung einer demokratischen Kultur der Bundesrepublik unschätzbar wertvolle Impulse gegeben hat. Dann gab es die Hochschule für Sozialwirtschaft, die eine ganze Generation sozialwirtschaftlich denkender Wissenschaftler und wirtschaftlich gebildeter Gewerkschaftler hervorgebracht hat. Eine Akademie der ökologischen Natur- und Wirtschaftswissenschaft, eine Postgraduierten-Universität für solares Bauen – solche geistigen Zentren wären nötig, um neue Maßstäbe zu setzen und den Wissenschaftsbetrieb herauszufordern. Das wäre Kultur- oder Wissenschaftspolitik auf dem Niveau Wilhelm von Humboldts, des preußischen Kulturministers im 19. Jahrhundert. Die Ökologie trat in den 70er und 80er Jahren mit einem Gesamtanspruch an, auch wenn vielen – in Ermangelung solartechnischer Kenntnisse und einer ganzheitlichen Betrachtung der Energiefrage – die konstituierende Bedeutung der Sonnenenergie nicht bewusst war. Etwa parallel dazu entfaltete sich die neoliberale Alternativwelt mit ihren ökonomistischen Denknormen. Aktuell wird die Gentechnologie vorangetrieben, die den partikelwissenschaftlichen Ansatz noch ins Extrem treibt. Hinter beiden Ansätzen stehen massive wirtschaftliche Interessen. Deshalb haben sie den faktischen Kulturkampf gegen die universale, ökologische Wissenschaft vorläufig gewonnen.

GREFE: Auch aus der Gesellschaft sind aber doch eine ganze Reihe ökologisch orientierter wissenschaftlicher Institute hervorgegangen; ich nenne das Öko-Institut oder das Heidelberger ifeu.

SCHEER: Von dort kamen auch wichtige Anstöße. Der Zweck solcher Gründungen ist aber, ihre Ansätze in den Wissenschaftsbetrieb einzuschleusen, bis sie insgesamt Selbstverständlichkeit werden. Denn allein können diese Institute ihre Originalität in der Regel nicht auf Dauer aufrecht erhalten.

GREFE: Wieso nicht?

SCHEER: Sie müssen sich früher oder später, um weiter existieren zu können, auf den allgemeinen Markt begeben – und dann schleichen sich Rücksichten auf diesen Markt ein. So kämpft zum Beispiel die baden-württembergische Landesregierung gegen das Erneuerbare-Energie-Gesetz, das weltweit als erfolgreichster Einführungsrahmen für die Alternative im Stromsektor gilt, indem sie dagegen ein blutleeres »Quotenmodell« ins Feld führen – und gutachterliche Dienste erweist dabei ausgerechnet das Öko-Institut. Allerdings ist die Kompromissbereitschaft gegenüber der Industrie bei diesen Instituten immer noch minimal im Vergleich mit vielen Professoren an staatlich finanzierten Hochschulen. Dort werden Untersuchungsergebnisse häufig vor der Veröffentlichung erst akkurat mit dem Auftraggeber besprochen. So habe ich es bei Gutachten über erneuerbare Energien mitbekommen. Kompromissbereitschaft, Pragmatismus und geistige oder direkte Korrumpierung gehen fließend ineinander über und können kaum noch auseinander gehalten werden. Kompromiss und Kompromittierung stehen nicht nur begrifflich ganz nah beieinander. Dass die Wissenschaft hier keineswegs über ein besseres Immunsystem verfügt als etwa Politiker und Journalisten, ist nicht neu. Überraschend ist höchstens, wie hoch die Anfälligkeit selbst bei existenziellen Fragen ist. Ethische Verantwortungsmaßstäbe darf man nicht einfach fallen lassen. Schließlich bezahlt die Gesellschaft die akademische Ausbildung und Lehre dafür, dass sie in ihren Erkenntnissen auf Problem- und Chancenhöhe ist, und nicht für das Erlernen von Techniken, die Gesellschaft abzulenken. Die Rücksicht-

nahme weiter Teile des Wissenschaftsbetriebs auf die Energiemacht rechtfertigen manche sogar offen damit, man dürfe dieser nicht zu viel auf einmal zumuten.

AMERY: Der schon erwähnte Egon Matzner hält solche
wissenschaftlichen Verhältnisse für den dritten Kern der
neuen monopolaren Weltordnung. Neben dem militärisch-
technologischen und dem monetär-industriellen definiert er
gleichrangig einen ideologisch-medialen Kern, zu dem auch
die wissenschaftliche Publizistik gehört. Wesentlich für diese
Weltordnung erscheint ihm die Hegemonie der USA; das ist
natürlich faktisch richtig, aber die ist wiederum Teil eines neo-
liberal-mammonistischen Systems, des Systems, das sozusagen
Auftraggeber für die Lieferung korrekter Denkergebnisse ist.
Letzten Endes dreht es sich immer wieder darum, diese Dämo-
nen nicht nur zu exorzisieren, sondern die gereinigte Woh-
nung der Ideen nicht leer stehen zu lassen. Jesus von Naza-
reth, ein professioneller Dämonen-Austreiber, hat davon
einiges verstanden.

5 Der enge Horizont der Metropolen

Über den romantischen Naturbegriff der Intellektuellen
und den ökologischen Nachholbedarf in
Geisteswissenschaften und Künsten

GREFE: Wenn Sie alle kulturellen Äußerungen – auch Arbeit, Ökonomie, Wissenschaft – mit Wilhelm Ostwald auf das Energiesystem zurückführen: Ist das nicht auch eine Vergröberung des Kulturbegriffs, die den Blick für andere Motivationen verstellt; für psychologische Antriebe etwa oder anthropologische Konstanten?

SCHEER: Ich vergleiche das mal mit der Entwicklung der Pflanzen. Natürlich haben bestimmte Blumen oder Sträucher von Natur aus typische Eigenheiten. Aber wie sie dann genau ausgeprägt sind – in Farbe, Form, Größe, der ganzen Vielfalt im Einzelnen –, das entscheiden erst die konkreten Standortbedingungen, also die Umwelt. Das Energiesystem ist grundlegend – was aber andere Einflüsse oder Überlegungen, wie man diese Kultur mit buntem Leben füllt, nicht gegenstandslos macht.

AMERY: Natürlich besteht die Kultur zugleich aus einem Haufen von erst noch wachsenden und bereits abgesunkenen Teilen, die immer wieder mal neu montiert werden. So ist das durchschnittliche materielle Weltverständnis der meisten Menschen in unserem Kulturkreis nach wie vor das mechanistische des 19. Jahrhunderts. Die neuere Physik schlägt sich noch immer kaum nieder; ja selbst die klassische Physik ist nicht ins Denken integriert. Das ist ein Versagen der Intelligentsia. Wenn man bei Theologen, Historikern, Literaturwissenschaftlern den Begriff »thermodynamisches Gesetz« erwähnt, dann sagen sie Sätze wie ein Freund von mir: »Das hat doch der Einstein erfunden!« Da fehlt es noch reichlich an Vermittlungsleistungen.

SCHEER: Stimmt: In Bezug auf technische Zusammenhänge werden in öffentlichen Debatten teilweise Fragen eines Sechs- oder Achtjährigen gestellt! Die Träger der gesellschaftlichen Diskussion kamen lange aus den Politik- und Sozialwissenschaften, der Psychologie und Philosophie. Sie betrachteten die Naturwissenschaftler als Erbsenzähler. Bis in die 68er Zeit, als es die letzte größere intellektuelle Herausforderung gab, etwas Neues zu wagen, alles in Frage zu stellen, hatte die Diskussion eine im weitesten Sinne geisteswissenschaftliche Grundlage. Doch das reicht für die Herausforderungen, die heute Priorität haben, nicht mehr aus. Der typische Geisteswissenschaftler schwankt in seinem Verhältnis zum Naturwissenschaftler zwischen Ignoranz und Bewunderung für dessen Exaktheit und ein Wissen, das ihm ein Rätsel bleibt.

AMERY: Ich bin mir nicht sicher, ob die Vormacht der Geisteswissenschaften heute tatsächlich noch gilt. C. P. Snows »Zwei-Kulturen-Rede« habe ich eingangs schon erwähnt. Darin beklagt er sich darüber, dass im England seiner Zeit einer, der keine Ahnung von Thermodynamik hat, keinerlei Ansehensverlust erleide; wer aber Hamlets Freundin nicht kenne, der sei unten durch. Der Zugang zur Macht, so behauptet er, werde eher von humanistisch erzogenen Menschen erschlossen, nicht von Naturwissenschaftlern. Zu seiner Zeit war das auch so. Für heute bezweifle ich das entschieden.

SCHEER: Richtig, der Macht stehen die Naturwissenschaften heute näher. Schon weil sie, wie wir besprochen haben, von der Atomforschung über die gentechnische Pflanzenzucht bis zur Biomedizin zur ökonomischen Ressource geworden sind. Doch die traditionell kritischen Intellektuellen haben mit Natur, Wissenschaft und Technik nach wie vor nicht viel am Hut. Sie machen um diese Dinge einen weiten Bogen und fühlen sich im Stadium vollkommenster Unschuld. Wie spät haben etwa die Feuilletons die Gentechnologie entdeckt – und dann haben sie in erster Linie moralisch-ethisch argumentiert und schlagen die Wissenschaft erst allmählich auch mit ihren eigenen Waffen. Für viele Naturwissenschaftler sind Geisteswissenschaftler im Übrigen »Schwafler«. Die Nachfrage steigt erst wieder wegen des Bedarfs an deren angeblicher »Kommunikationskompetenz«, vor allem für Legitimierungsfunktionen. Ihr weißer Fleck in Bezug auf die Naturwissenschaft ist damit ebenso wenig behoben, wie deren Reduzierung zu einer Partikelwissenschaft.

AMERY: Ich wollte mich immer schon befreien von der andauernden Bevormundung durch Naturwissenschaft und Technik. Umso mehr schäme ich mich, nicht nur für mich, sondern auch für meine Zeitgenossen, wenn ich an die Gruppe 47 zurückdenke; wie links wir damals waren, aber mit welcher rückhaltlosen Anbetung wir vor diesen Weißkitteln der Naturwissenschaft standen. Wir haben es gefressen, wenn die uns erzählten, dass wir die Atomtechnologie unbedingt bräuchten. Wir haben sogar die Concorde gefressen. Ich halte es für eine der größten Errungenschaften der letzten Jahrzehnte, dass sich eine kritische Naturwissenschaft entwickelt hat, die mit sich selber kämpft und die Gesellschaft aufklärt. Jeder Wissenschaftler, der sein Salz wert ist, müsste dafür dankbar sein, und eigentlich auch jeder Manager und technischer Betreiber. Aber, und das ist ein kulturelles Phänomen: So weit sind wir noch nicht. Im Gegenteil: Auch die Kritik sehnt sich längst nach Etablierung. Und auf die geistige Debatte strahlt sie zu wenig aus.

GREFE: Mir scheint, dass nicht nur die naturwissenschaftliche Herausforderung viele Intellektuelle daran gehindert hat, sich auf das ökologische Denken einzulassen. Auch die politischen Dimensionen der Ökologie wurden kaum diskutiert, es sei denn in der klassischen antikapitalistischen Dramaturgie: David gegen Goliath. Warum sind sie so rar, die ökologischen Theoretiker, Theaterautoren, Dichter; warum war etwa der Marxismus für Intellektuelle und Künstler so viel attraktiver?

AMERY: Die Stringenz, die Vitalität, mit der Menschen wie Rosa Luxemburg, Walter Benjamin, Bert Brecht, Lukácz, Manès-Sperber und so fort den Sozialismus, ja den Marxismus in eine große kulturelle Auseinandersetzung einbrachten, scheinen wir in der Tat nicht mehr aufzutreiben. Selbst die Betroffenheit einer zutiefst verwundeten Nachkriegsgeneration, die in den lebendigen Nachkriegsjahren etwa das Leben und Wirken in und um die Gruppe 47 bestimmten, ist fast ganz verschwunden. Der Marxismus hingegen war hochinteressant für die Intellektuellen: Sie wollten die eigene Seele retten, indem sie sich mit Ho Chi Min und weiß Gott wem alles identifizierten. Außerdem entsprach der Marxismus ihrem weitgehend metropolitanen Charakter; sie lebten ja von einer Ressourcenorganisation, mit der sie selbst gar nichts zu tun hatten. Der *common sense* der Intelligentsia ist absolut urban, ja metropolitan; die biosphärischen Daten, die man aus der Ressourcenkenntnis rezipiert, haben nichts (oder noch nichts) mit dem letzten Endes ästhetisch-moralischen Selbstverständnis und Selbst-Auftrag der Urbanität zu tun und werden so nicht zur selbstverständlichen zivilisatorischen Kritikmasse wie etwa das Elend des Manchestertums oder die sichtbare Realität der Großen Depression. Über mein Engagement im Schriftstellerverband habe ich in München ja unmittelbar mitbekommen, wie schwer sich die marxistisch infiltrierten Köpfe taten, auf die ökologische Welle zu schalten: weil sie nach wie vor in diesem Produktionspathos steckten. Da gab es Leute, die haben in allem Ernst argumentiert, dass die russischen Atomkraftwerke systembedingt sicherer seien als die deutschen.

GREFE: Ideologieverbissen…

AMERY: Im Oktober 1973 erschien dann ein Schlüssel-»kursbuch«. Die Nummer 33, die sich das erste Mal intensiv mit Ökologie befasste. Ein Meisterstück war der Leitartikel Hans Magnus Enzensbergers, und zwar in Folge seiner objektiven Unwahrheit. Er begann damit, die bürgerlichen Wissenschaftler, die ja damals die ersten Träger der Bewegung waren, die »concerned scientists«, mit Hohn zu überschütten, weil sie nicht begriffen, dass die Ökologiefrage ein Gesellschaftsproblem sei. Sie könnten nicht einfach sagen: Wir machen die Welt kaputt; sie müssten verstehen, dass es nur im Sozialismus eine Lösung geben werde. Und am Schluss kommen die entscheidenden Sätze, der Knüller, da heißt es: »Was einst Befreiung versprach, der Sozialismus, ist zu einer Frage des Überlebens geworden. Das Reich der Freiheit aber ist … ferner gerückt denn je.« Enzensberger hatte ja immer und hat bis heute eine geradezu aristokratisch unübertreffliche Nase. Dann standen Aufsätze in diesem Kursbuch mit Fragestellungen, die mich schon damals zum Jubeln brachten: »Marx und die Ökologie«. Dergleichen Wahrheitssuche kannte ich doch von der katholischen Kirche! »Jesus und die Ökologie«: Erst musste die Schlüsselfigur ins rechte Licht gesetzt werden. (Allerdings muss man sagen, dass Marx tatsächlich recht ordentliches Material bietet über den Stoffwechsel zwischen Mensch und Natur.) Von dem Augenblick an, wo so etwas im »Kursbuch« ausgeführt wurde, war für die intellektuellen Linken die Ökologie plötzlich existent. Freigegeben! Da konnte man mitmachen. Irgendjemand hat die Ökologiebewegung schließlich identifiziert als »Vietnambewegung der Bourgeoisie«.

GREFE: Was immer das heißen mag.

AMERY: Die Ehrlichen, auch Enzensberger, haben gemeint: Gott sei Dank haben die Bürgerlichen jetzt kapiert, wo es lang geht. Das ist immer gut, weil die das Maul weiter aufreißen als die unteren Klassen; alle Revolutionen wurden ja letzten Endes von besseren Herrschaften gemacht, jedenfalls die Anfangsphasen; das sei also ganz zweckmäßig. Und in dem Augenblick, wo das Stichwort freigegeben worden war, konnte verhältnismäßig schnell wieder an die alten kulturkritischen Traditionen angeknüpft werden. Radikal wurde das sichtbar in den ersten Jahren der grünen Bewegung, die eine holistische Ganzheitsphilosophin wie Marion Griesebach zum Schulterschluss mit Rudi Dutschke brachte.

SCHEER: Daraus leiten ja die Franzosen den Vorwurf ab, dass das ökologische Engagement deutschem Romantizismus entspringe. Bleibt die Frage, warum die Debatte bei uns dennoch so viel weiter ist als etwa in Frankreich oder in Italien. Warum wohl ist die SPD diejenige sozialdemokratische Partei, in der – bei aller weiterhin geltenden Kritik – dieses Thema eindeutig tiefer verankert ist im Vergleich zu den meisten Schwesterparteien?

GREFE: Weil Deutschland besonders dicht besiedelt und industrialisiert ist; auch, weil die Ökologie, neben ihren neuen Protagonisten in den Bürgerinitiativen, von vielen traditionellen Naturschutzorganisationen thematisiert wurde?

SCHEER: Die Gründe liegen nach meiner Beobachtung in der politischen Kulturgeschichte. Die atomar-fossile Energiemacht, überall mit staatlicher Hilfe ausgebaut, ist dort am meisten bis in die Parteien hinein verankert, wo es besonders ausgeprägte zentralstaatliche Strukturen gibt – was immer gleichbedeutend ist mit einem ausgeprägten Willensbildungsmechanismus in den Parteien von oben nach unten. Das gilt für Frankreich, Großbritannien, Italien. Wo es dagegen eine föderalistische Struktur einschließlich starker kommunaler Selbstverwaltung gibt (wie in Deutschland, Dänemark, Österreich, der Schweiz, den USA), ist auch das Parteiensystem weniger hierarchisch, weniger hermetisch, damit offener für Anregungen von außen. Insbesondere dann, wenn es ein Verhältniswahlrecht gibt, das beispielsweise ermöglichte, dass grüne Parteien in die Parlamente kamen. Nicht zufällig sind die meisten nennenswerten Solaraktivitäten genau in diesen Ländern gestartet worden, jeweils beginnend auf der kommunalen und regionalen Ebene, die diesen Technologien auch adäquat ist. Von der regionalen Parteiebene aus wurde die Ökologie in der SPD auch in die Gesamtpartei hineingetragen: in den 70er Jahren, als Erhard Eppler dort Vorsitzender war, von Baden-Württemberg aus, und von Schleswig-Holstein unter dem Einfluss Jochen Steffens, später auch von Niedersachsen, das von den Gorleben-Plänen alarmiert war, mit Gerhard Schröder an vorderster Front. Die solare Kultur kommt von unten und von der Seite, aber nicht von oben. Ich denke, das ist eine der Erklärungen für weit auseinander klaffende Aufmerksamkeiten zur solaren Energiewende.

AMERY: So zynisch es klingt: Ich glaube, dass beispielsweise Italien und Griechenland historisch so weit voraus sind in der Umweltzerstörung, dass sie sich einfach nicht vorzustellen vermögen, es könnte tatsächlich irgendwann einmal schwierig werden. Die Athener haben schon im 6. Jahrhundert vor Christus Attika durch Kahlschlag so ruiniert, dass sie ihre Flotten ins Schwarze Meer schicken mussten, um Schiffbauholz zu holen. Und die Italiener dito, von Venedig über Genua bis zu den römischen Kupferbergwerke im Etruskischen.

SCHEER: Für das Desinteresse in den südlichen Ländern an der solaren Lösung sehe ich über das Gesagte hinaus eine psychologische Erklärung: Dort weckt die Sonne auch negative Emotionen – weil sie immer da ist, weil sie Trockenheit verursacht und so heiß ist, dass man in den Schatten fliehen muss. Vielleicht wird sie auch deshalb technologisch weniger genutzt als in den nordischen Ländern, wo sich die Menschen nach ihr sehnen?

AMERY: Dagegen spricht das wunderbare Wort des Algerien-Franzosen aus Marseille, Albert Camus: »Die Geschichte zeigt uns unser ganzes Elend. Die Sonne zeigt uns, dass die Geschichte nicht alles ist.«

SCHEER: Trotzdem: Es ist doch vollkommen absurd, wenn ausgerechnet in der Maremma an der Westküste der südlichen Toskana ein Kraftwerk mit 4000 Megawatt Leistung gebaut und mit Gas aus Algerien betrieben wird. Da knallt die Sonne auf ein Kondensationskraftwerk, dass es obendrüber flimmert; die Wärme, die offenkundig da ist, wird nicht etwa genutzt, sondern zusätzlich künstliche Wärme produziert.

GREFE: Wahrnehmungen, Denk- und Verhaltensmuster der

Menschen sind also Spiegelbilder der jeweiligen Kultur. Die großen politischen Strömungen aber unterscheiden sich in ihrer Praxis europaweit kaum voneinander. Wie unterschiedlich reagieren links und rechts auf die solare Perspektive?

SCHEER: Die tatsächlich wertkonservativen Konservativen entwickeln schnell Sensibilität dafür und durchaus schon bemerkenswertes praktisches Engagement. Ich denke an Adolf Ogi, den Schweizer Bundespräsidenten, der zur Schweizer Volkspartei zählt, oder Josef Riegler, den ehemaligen ÖVP-Vorsitzenden und Vizekanzler, der heute Vorsitzender des Agrarsozialen Forums ist; auch an eine Reihe von CDU- und CSU-Abgeordneten oder Bürgermeistern. Aber der Mainstream der konservativen Parteien hat sich der aktuellen Hegemonie des Kurzzeit-Ökonomismus unterstellt. Die klassischen zentralen Energiemonopolisten, die sich zunächst mit der Liberalisierung schwer taten, haben noch immer genug Hilfstruppen in der Politik. Sie haben auch schnell erkannt, dass sie durch die Berufung auf die reine Marktlehre die erneuerbaren Energien an der Entfaltung hindern und den Verlust ihres Gebietsmonopols im Stromsektor durch Konzentrationen und Fusionen kompensieren können. So versuchen sie ihren hundertjährigen Startvorteil gegenüber Newcomern auszuspielen. Unions- wie SPD-Politiker auf allen politischen Ebenen haben diesen ökologisch kontraproduktiven Konzentrationsprozess durch Verkäufe von Landes- und Kommunalanteilen gleichermaßen aktiv mit vorangetrieben.

»Das Links-Rechts-Schema passt auf die Ökologie
nur unvollkommen«

GREFE: Die Energiewende ist eine existentielle Frage und berührt deshalb die Grundhaltungen der politischen Parteien – was, wie Sie gesagt haben, in anderen Ländern noch weniger ausgeprägt spürbar wird als in Deutschland. Heben sich also auch in der Energie- und Ökologiefrage die alten Unterscheidungen zwischen rechts und links auf, und sei es in gemeinsamen Versäumnissen?

SCHEER: Es ist ja schon hervorgehoben worden, dass es eine solche Differenz in der Einstellung zur Energieversorgung lange Zeit gar nicht gab. Ob staatlicher oder privater Energiekonzern: Der Inhalt war derselbe. Außer dem Besitztitel hat sich bei Gasprom oder der russischen Elektrizitätswirtschaft nichts geändert, während doch alles andere umgestülpt wurde. Politische Richtungsunterschiede zwischen den klassischen Links- und Rechtsparteien kamen erst über die gesellschaftliche Ökologiebewegung in die Diskussion. Aber eben nicht durchgängig – und im Zweifelsfalle eher bei den Linken. Der Grund ist meiner Ansicht nach, dass es bei linken Parteien mehr Meldestellen aus der Gesellschaft gibt und bei den Rechtsparteien mehr Meldestellen aus der Wirtschaftsmacht. Einen grundlegenden Unterschied zwischen links und rechts wird es aber immer geben, wie Norbert Bobbio in seinem Büchlein »Links-Rechts« beschrieben hat. Die Frage ist, an welchen zentralen Inhalten dieser Unterschied sich heute festmacht. Sicher nicht mehr an Plan- oder Marktwirtschaft, Staats- oder Privateigentum, Keynesianismus oder Monetarismus. Das elementare Unterscheidungsmerkmal ist in meinen Augen heute, wie man zum kategorischen Imperativ Immanuel Kants – bei unserem Thema in dessen radikalisierter Form des Energetischen Imperativs – tatsächlich steht. Die atomare und fossile Ressourcennutzung verstößt wegen der heillosen Konsequenzen für die Zivilisation gegen dieses politische Sittengesetz. Ein rechter Standpunkt ignoriert dies zugunsten egoistischer Interessen und treibt die globale Pyromanie bis zum bitteren Ende – ein linker Standpunkt bringt die ökologische Wirtschaftsweise auf der Basis erneuerbarer Ressourcen konsequent voran. Tut er das nicht, steht er bewusst oder unbewusst in der Frage mit der weitesten Tragweite rechts. So gesehen, stehen viele Linke rechts und manche Rechte links, auch wenn sie sich persönlich anders einstufen.

GREFE: Das klingt ziemlich schlicht, als wäre links gleich gut, und rechts gleich böse?

SCHEER: Natürlich nicht. Aber ich folge Ted Honderich und seinem Buch »Das Elend der Konservativismus«. Darin definiert er, dass der Konservativismus im Zweifelsfall eher dem individuellen Eigennutz Raum gibt, und seien die Konsequenzen für andere noch so gravierend – während sich die Linken in ihrer ganzen Geistesgeschichte vorrangig dem Sozialen verpflichtet fühlten. Und das ist ohne die ökologische Dimension nicht mehr denkbar. Honderich spricht von Denkhaltungen, weniger von formalen Parteizugehörigkeiten, denn deren Selbstdefinitionen lenken oft nur ab – gerade in einem Umfeld, das immer mehr aus Etiketten besteht.

AMERY: Das gesellschaftliche Schema »rechts« und »links« kann allerdings auf die ökologische Herausforderung nur höchst unvollkommen eingehen. Und zwar einfach deshalb, weil diese Herausforderung der gesamten Diskussion eine zusätzliche Dimension aufzwingt. Die Moleküle des bisherigen politischen Bewegungsspiels prallen voll gegen die ökologische Glaswand. Es gibt Öko-Faschisten, zweifellos; es gibt ökokapitalistische Technokraten, die ihre Geschäfte mit end-of-pipe-Technologie betreiben, und es gibt Finanzhaie, die das große business im Emissionshandel wittern. Und selbstverständlich gibt es auch Sozialisten jeder Couleur, die ihre alten Kampfrufe gegen den Kapitalismus durch das ökologische Desaster bestätigt sehen; ebenso übrigens wie echte alte Konservative, denen beim Anblick der zerstörten Landschaft schlecht wird. Das sind, wie Felix Gattari sagt, »Strömungen und Wirbel« (*fleuves et turbulences*), die es oft unmöglich machen, die Drift der Hauptströmung zu bestimmen.

SCHEER: Im Hinblick auf die ökologische Frage stimmen tatsächlich die alten Zugehörigkeiten nicht mehr, sie müssen und werden sich neu sortieren. Der ökologische Bauer etwa repräsentiert einen immensen sozialen Nutzen, indem er durch seine Art zu wirtschaften Boden, Klima und Wasser schont und gesunde Lebensmittel produziert – er ist in meinem Verständnis von Linkssein ein Linker, jedenfalls eher als der Geschäftsführer eines landwirtschaftlichen Kollektivs oder einer Genossenschaft, die all das nicht tut. Im Schweizer Parlament sind alte Zugehörigkeiten schon ins Schwanken geraten: Das Energieabgabengesetz, mit dem Sozialdemokraten, Grüne und einzelne unabhängige Abgeordnete einen großen Umschwung hin zu erneuerbaren Energien auslösen wollten, kam nur durch, weil alle Landwirte der konservativen Parteien mit ihnen stimmten. Oder ich nenne die Demonstration im Bonner Regierungsviertel 1997, als das Stromeinspeisungsnetz für erneuerbare Energien kassiert werden sollte: Da waren die Träger neben dem Bundesverband Windenergie und Eurosolar auch der Deutsche Bauernverband, die IG-Metall und der Verband für den Deutschen Maschinen- und Anlagenbau, der ein Teil des BDI ist. Eine solche Koalition gab es bei einer Demonstration mit Sicherheit vorher noch nie.

AMERY: Und wenn es nur Allianzen auf Zeit wären. Auch im Allgäu formiert sich gerade ein unabhängiger Bauernverband auf rein ökologischer, nicht parteipolitischer oder weltanschaulicher Basis – im Widerspruch gegen die eingeschliffene Subventionspolitik des Sonnleitner-Verbandes.

»Bei Ökolyrik kann man nur schreiend davonlaufen«

GREFE: Ich komme zurück auf die Kultur, das, was man den »Kulturbetrieb« nennt: Wie können die Intellektuellen in ihrer künstlerischen Praxis die Ökologie thematisieren; in der Literatur also, im Theater, der Baukunst, der Musik? Oder wie tun sie's?

AMERY: Ich behaupte, dass in dieser Frage das Gras erst noch gesät werden muss, das die Kühe fressen sollen, wenn wir sie melken wollen.

SCHEER: Für die Metropolen-Kultur sehe ich als potenzielle Vorreiter die Architekten, die sich ja auch selbst häufig als künstlerische Leithammel fühlen. Leider betrachtet die zeitgenössische Mehrheit auch dieser Zunft Ökologie und Kultur, Sonne und Ästhetik noch immer als Gegensatzpaare: Sich mit Hilfe der Sonnennutzung vom fossilen Energiesystem unabhängig zu machen, das bewerten sie in erster Linie als Einschränkung ihrer gestalterischen Freiheit. Früher war es selbstverständlich, in windreichen Gegenden windschutzorientierte Architekturen zu entwickeln und in sonnenreichen Regionen Bauformen zu suchen, die im Sommer schützten und im Winter die Sonnenwärme speicherten. Von den Schwarzwaldhäusern bis zu den persischen Städten: Immer war die Sonne eine oder sogar die entscheidende Gestaltungsdeterminante – mit der Folge, dass die Bauten eine unendliche Vielfalt regionaler Eigenheiten aufwiesen! Die Häuser der sogenannten modernen Architektur hingegen sind trotz der behaupteten Befreiung total austauschbar. Kongresszentren sehen in Harare genauso aus wie in Berlin oder Stockholm, in New York oder Mexiko City. Auch hier zählen nur noch kurzfristige Wirtschaftlichkeitsrechnungen, die sich ein Architekt für jedes andere charakteristische Gestaltungselement dringend verbitten würde. Dabei entsteht längerfristig – vor allem bei Hochhäusern – ein völlig überdimensionierter Heiz- und Kühlaufwand, wenn man die Sonnenenergie nicht bedenkt. Also von wegen »Gestaltungsfreiheit«: Die kommt, weil nur noch kurzfristige Wirtschaftlichkeitsrechnungen zählen, höchstens einzelnen öffentlichen oder privaten Repräsentationsbauten zugute. So hat der Abschied von der Umgebungsdeterminiertheit allen Wirtschaftens in der Weltarchitektur zu absurden Ergebnissen einer kulturellen Fehlschaltung, einer offensichtlichen Gleichschaltung geführt. Gestaltungsspielraum schrumpfte auch bei der Vielfalt der Baustoffe, wie sie die bioklimatischen Gegebenheiten früher nahelegten. Jetzt tragen fast alle Bauten die gleiche Uniform aus Beton und Stahl.

AMERY: Aber eine Reihe auch ästhetisch ambitionierter Solararchitekten gibt es doch mittlerweile: Rolf Disch in Freiburg beispielsweise...

Scheer: ... gewiss, und Thomas Herzog, Peter Hübner, Rolf Eble oder Dieter Schempp, um nur einige zu nennen. Doch diese Solar-Avantgardisten beklagen ja selbst die Bewusstseinsdefizite ihrer Kollegen. Die meisten Architekten wissen zwar sehr wohl, dass 40 Prozent des gesamten herkömmlichen Energieverbrauchs in Gebäuden stattfindet und sie potenziell die wichtigsten Konzepteure und Umsetzer einer solaren Alternative wären. Die Herausforderung aber, innerhalb der Vorgaben einer umgebungsangepassten Solararchitektur ästhetisch zu glänzen, nehmen sie nur sehr zögerlich an. Kultur, in diesem Falle ästhetische Unabhängigkeit, gilt ihnen gegenüber dem ökologischen Konzept als das höhere Gut. Eine grundlegende Fehleinschätzung von Kultur und von Ökologie. Das Linzer Design-Zentrum Herzogs, die Fortbildungsakademie des nordrhein-westfälischen Innenministeriums von Hecker und Jourda in Herne, das Bibliotheksgebäude von Schempp in Herten, der sich nach Tageszeit drehende Wohnpilz von Disch: Das alles sind völlig unterschiedliche Entwürfe, vielfältige, phantasievolle Glas-, Holz- und Stahlkonstruktionen mit hoher Wohn- und Nutzerqualität. Die psychologische Wirkung ist enorm, die ästhetische Gestaltungsfreiheit nicht geringer, nur anders genutzt.

Amery: Auch über die Architektur hinaus ist der Weg der kulturellen Veränderungen wohl der am wenigsten vorhersagbare im Zusammenhang mit der Ökologie. Die Voraussetzungen zumindest sind ungünstig, weil die Kultur, die wir züchten, eine typische Subventionskultur ist – und diese ist, wie schon erwähnt, im Wesentlichen metropolitan. Das synergetische Lebewesen Kulturstadt füttert sich ja laufend selbst: Der junge Mann in Nantes oder der Spanier in Malaga, alle träumen sie von Paris! Und ein Spanier namens Picasso entdeckt dort aufs Neue das Tremendum in der Natur, das ihm etwa in einer Ausstellung afrikanischer Skulpturen entgegenschlägt. Aber im Allgemeinen steht fest, dass die Lebenswelt, die *concerns*, wenn man so will, der artikulierenden Klasse so naturfern sind wie nur vorstellbar. Die Metropole ist das »Negotium«, da läuft das Geschäft, und für das »otium« zieht man sich dann in die Toskana zurück oder an einen schwedischen See, um den Forellen zuzuschauen, wie sie hupfen. Das ist eine Grundschwierigkeit.

GREFE: Wie ist diese Naturentfremdung zu überwinden?

AMERY: Ich sage es offen: Ich kenne die Antwort auch nicht. Eher könnte ich zusätzliche Fragen stellen.

GREFE: Gibt es nicht immerhin, oder sollte es sie geben, analog zu den künstlerischen Helfern der Arbeiterbewegung eine mobilisierende Öko-Kunst?

AMERY: Die gibt es durchaus. Eine Zeit lang bin ich ein typischer Leser beispielsweise von Ökolyrik gewesen – aber da kann man meistens schreiend davon laufen und mit Gottfried Benn sagen: »Kunst ist das Gegenteil von gut gemeint«...

GREFE: Trotzdem: Die Texte von Bertolt Brecht oder Ernst Toller waren ja wohl mehr als gut gemeint.

AMERY: Aber 80 Prozent der sogenannten Arbeiterliteratur eben nicht. Da ist verdammt wenig übrig geblieben. Kunst als Waffe: Diese ganze Art des Herangehens war und ist kurzatmig. Natürlich ist Literatur subversiv, gerade wenn sie gut ist – aber wie und in welcher Weise diese Subversivität wirksam wird, das ist dem Zeitgenossen selten zugänglich. Das beste Beispiel dafür ist Kafka: Was er sich von der Seele schrieb, hatte mit Politik unmittelbar nichts zu tun – und er wurde zum subversivsten Schriftsteller des 20. Jahrhunderts. Aber zurück zur Ökologie: Mit scheint, dass (vorläufig) Lyrik die einzige Literaturform ist, die kompetent mit der ökologischen Perspektive, dem ökologischen Lebensgefühl umgehen kann. Der Roman hingegen – es ist schlecht vorstellbar, dass er (wiederum vorläufig) ein solches Lebensgefühl vermittelt.

SCHEER: Aber »Die Rättin« von Günter Grass beispielsweise ist aus einer ökologisch bewussten Haltung geschrieben.

GREFE: Auch Sten Nadolnys »Entdeckung der Langsamkeit« könnte man ökologisch lesen – obwohl das vermutlich nicht beabsichtigt war?

AMERY: Vielleicht. Aber wenn wir die Autonomie, die

Eigenständigkeit des Kunstwerks anerkennen, dann folgt daraus, dass jedes wirkliche Kunstwerk auf verschiedene Weisen gesehen, gehört, gelesen, interpretiert werden kann. Ich will etwas ganz anderes vorschlagen: Walter Benjamin hat eine profunde Analyse des Barockdramas geschrieben – als Marxist. Shakespeare-Inszenierungen am Schiffbauerdamm waren marxistische Shakespeare-Interpretationen durch Bert Brecht und sein Gefolge. Es müsste uns gelingen, Shakespeare, Homer, Tolstoj »ökologisch« zu lesen (bei Homer wäre dies äußerst ertragreich, desgleichen wohl bei Tolstoj). Dies wäre natürlich etwas ganz anderes als Schulmeisterei oder die Suche nach »Stellen«.

»Der Klärungsprozess ist fällig: Was ist Natur?«

SCHEER: Die unmittelbare Umsetzung guter ökologischer Absichten steht natürlich schnell unter furchtbarem Kitschverdacht. Das berühmte Bild mit dem röhrenden Hirschen: Da wittern die Leute die Verlogenheit. In solchen Werken steckt die Denunziation eines modernen ökologischen Naturverständnisses.

AMERY: Da wird etwas vulgarisiert, was in dem schönen Satz von Schiller steckt: »Die Welt ist vollkommen überall, wo der Mensch nicht hinkommt mit seiner Qual.«

SCHEER: Das ökologische Konzept von heute muss sich weniger an solchen vorgegebenen Naturbildern orientieren. Naturschönheit im klassischen Sinne setzt voraus, dass die Grundfragen gelöst sind: saubere Luft, sauberes Wasser, das klare, nicht mehr von Emissionen getrübte Licht. Nicht zufällig halten gerade diejenigen an der verlogenen Idyllen-Ästhetik fest und inszenieren sie auf ihren Plakaten, die etwa gegen Windkraftanlagen Sturm laufen und im Namen der Natur ökologische Zukunftslösungen verhindern.

GREFE: Die Natur als nicht ökonomischer Raum – ein Naturbegriff, den sich auch die grüne Bewegung angeeignet hat.

SCHEER: Teilweise. Zumindest hat der notwendige Klärungsprozess, was Natur sei, bisher kaum stattgefunden. Die Natur als unberührten, nicht begehbaren Raum und alle menschlichen Aktivitäten prinzipiell als naturschädigend zu begreifen und dann ungeschlacht die Wachstumssau rauslassen: Das geht nicht auf. Wir müssen mit der Natur wirtschaften, aber eben so, dass sie dauerhaft verfügbar bleibt. So einfach ist das zu verstehen. In Dänemark sagt man zu erneuerbaren Energien »bleibende Energien«. Ich distanziere mich von allen Formen des BANANA-Denkens, das steht für: *build absolutely nothing anywhere never again.*

AMERY: Das kommt, wie schon gesagt, aus dem Konflux der historischen Bewegungen, die in die grüne Sache eingegangen sind. Da ist der Wertekanon der Romantik, der immer mehr verharmlost wurde; die Romantik war ja ursprünglich eine äußerst radikale Bewegung, aber durch die Restauration hat sie sich auf die mittelalterliche Tour begeben und schlimmste Katholisierungstendenzen hervorgebracht – was für ein Abgrund etwa zwischen Novalis und den Idyllen der 1830er Jahre! Dann ist ein ganz interessanter Strom ehrlichen Konservatismus aus dem 19. Jahrhundert mit in den grünen Naturbegriff eingeflossen. Und drittens sind die Indianer immens wichtig; überhaupt das Auftauchen Amerikas. Dies war eines der zweifelhaftesten Geschenke Gottes an die europäische Menschheit, denn all die Prozesse, die fällig gewesen wären als Reaktion auf Überbevölkerung und Pauperisierung, wurden aufgeschoben. Es ist aber meiner Ansicht nach ausreichend belegt, dass Rousseau ein Werk von einem Jesuiten gelesen hat, der das Leben der Indianer beschreibt. Dieser äußert die ketzerische Vermutung, dass bei den Indianern eigentlich von einer Erbsünde keine Rede sein könne: Die Burschen lebten zwar nicht so, wie man es sich als Christenmensch vorstelle, aber Spuren einer grundsätzlichen Zerrüttung habe er nicht vorfinden können. Es ist durchaus wahrscheinlich, dass Rousseaus Idee des »edlen Wilden«, des Naturmenschen, auf solche Quellen zurückgeht. Der edle Wilde, der goldene Flegel, der in jedem Menschen steckt, ist mit der Natur bis in unsere heutige Vorstellung hinein identisch. Auch deshalb ist die amerikanische Naturschutzbewegung viel radikaler als die hiesige. Natur wie die unsere ist für die drüben schon gar nicht mehr schützenswert, da ist schon zu viel menschliche Kultivierung passiert.

GREFE: Und welchen Begriff stellt die solare Idee dem romantischen Naturbegriff gegenüber?

SCHEER: Ein ökologischer Naturbegriff kann Natur niemals als Reservat empfinden. Sie ist das Ganze. In ihren Grenzen und mit ihrer Vielfalt einschließlich der technischen und artifiziellen Belebung muss man wirtschaften können. Warum soll nicht in einem Naturpark etwa ökologische Landwirtschaft möglich sein?

AMERY: Eine entscheidende Rechtfertigung gibt es indes für einen strengen Naturschutz: Ein großzügig bemessener Prozentsatz der Weltoberfläche sollte aus im weitesten Sinne wissenschaftlichen Gründen sich selbst überlassen bleiben, um zu prüfen, inwieweit unsere Vorstellungen von biotischer Sukzession haltbar sind. Und um die Artenvielfalt zu erhalten! Die E.F. Schumacher-Gesellschaft in München etwa hat mehrere Jahre lang die Rhodopen studiert, das ist das Grenzgebirge zwischen Bulgarien und Griechenland. Eine Region, die bereits um 1910 wegen ethnischer Konflikte geräumt wurde, der Kalte Krieg hat die Isolierungstendenz verstärkt, dann hat die Athener Regierung alles zum militärischen Sperrgebiet erklärt – und die Folgen für die Natur sind grandios! Bären sind wieder da, und zwar in Massen, die leben vom Wildobst aus den alten Dörfern.

SCHEER: Einverstanden – das sind evolutionäre Erfahrungsräume, die sollten selbstverständlich in jeder typischen geographischen Region ermöglicht werden. Nicht zuletzt sind sie wesentlich für die Frage, wie wir künftig mit der Natur wirtschaften können; welche Pflanzen mit welchen Eigenschaften für welche Energie- und Rohstoffnutzung geeignet sind, oder um den immer neuen Mutationen Spielraum zu lassen. Aber das ist etwas anderes als diese naive Sehnsucht, idyllisch reine Naturschutzparks immer mehr auszuweiten, und je mehr davon, desto ökologischer kommen wir uns vor. Aus der Trennung die Norm zu machen – hier die Natur, dort der industrielle Lebensraum –, das ist ein falsches Ökologieverständnis, das von einem statischen Gleichgewicht ausgeht. Aber die Natur ist, vor allem wegen der Sonnenkraft, nicht statisch. Sie hat ein sich ständig veränderndes Fließgleichgewicht. Sie ist eine dauernde Abfolge natürlicher Entropie und Negentropie, von Zerstörung und Neuentstehung. Über die Natur dürfen sich Kultur und Gesellschaft nicht erheben, sie müssen sich integrieren.

AMERY: Ich komme immer wieder auf das Versagen der artikulierenden Klasse zurück, die in eine solche Diskussion über ihr Naturverständnis nie eingetreten ist. Aber wie soll man auch darüber hinwegkommen, dass das Sein das Bewusstsein bestimmt? Wie kann man mit einem metropolitanischen Sein ein Wald-Wüsten-Meeres-Bewusstsein entwickeln?

SCHEER: Die Antwort darauf kann nicht in erster Linie instrumentell sein. Eine Chance, dass sich das Bewusstsein über das Sein erhebt, schließe ich aber nicht aus. Bewusstsein entwickelt sich über Denken, Empfinden und Wahrnehmen zugleich, es kann stur beharren oder sich in Windeseile ändern, neu entfalten. Und wer versteht, welch schlüsselhafte Bedeutung die Trennung zwischen Energieanbietern und Energienachfragern hat – der kann schon zum Sprung ansetzen.

6 SPALTEN STATT VERSÖHNEN

Wie der kulturelle Wandel zur solaren
Gesellschaft möglich werden kann

GREFE: Von der Gesundheitsbewegung und den Kirchen bis zu Unternehmerorganisationen ist der ökologische Gedanke in der Gesellschaft längst breit verankert; trotzdem reicht das Tempo der Veränderung noch nicht aus. Wo sehen Sie beide denn neben öffentlichen Debatten den zentralen strategischen Ansatzpunkt, wie man die kulturelle Sperre, die trotz aller Bewusstseinsentwicklung der letzten 15 Jahre weiter existiert, durchbricht? Wir wollen über die Praxis reden: Muss sich zum Beispiel die in Ihren Augen an- und eingepasste Ökologiebewegung wieder radikalisieren?

SCHEER: Auf die Frage »was tun?« springen die meisten sofort auf die Instrumentendebatte. Ihre Frage aber zielt sicher auf die Möglichkeiten, Verhaltens- und Denksperren zu durchbrechen. Der erste und wichtigste Schritt ist: Die Ökologiebewegung muss auf den Punkt kommen. Das heißt: Sie muss endlich erkennen, dass die solare Energiewende die Schlüsselfrage ist.

AMERY: Dieser intellektuelle Klärungsprozess hat in der Tat absoluten Vorrang! Denn darin steckt die Chance, aus einer reaktiven Umweltschutzbewegung eine gesellschaftsverändernde Bewegung zu machen.

SCHEER: Vor allem leiten sich aus der Priorität der solaren Energie ganz andere Ansätze ab. Es kommt hier nämlich nicht allein darauf an, ob zentrale Konzernentscheidungen oder zentrale Regierungsentscheidungen endlich anders gefällt werden. Es kommt auf die »aktive Gesellschaft« an, wie sie der amerikanische Kommunitarist Amitai Etzioni beschrieben hat, in der, vor allem auf lokaler Ebene, wieder jeder in das politische Geschehen integriert ist. Aktivität ist aber kein Selbstzweck. Aktivieren lassen sich Menschen durch ideelle oder emotionale Antriebe. Die Idee, das Lebensmotiv muss es wert sein. Es ist ungeheuer wichtig, dies zu unterscheiden von den als allein realistisch beschworenen kommerziellen, jedenfalls ökonomischen Motiven. Nur wenn wir diesen Unterschied machen, kommt die Solarbewegung als Kulturbewegung zustande. Wir müssen in der Ökologie endlich wieder mutig die viel breiter angelegten Motive der Menschen und die gesellschaftliche Relevanz in den Blick nehmen. Bisher haben die meisten Politiker, Industriellen und Wissenschaftler nur gezweifelt und abgewiegelt. Wenn die Überwindbarkeit der ökologischen Weltkrise als realisierbare Vision passioniert vertreten wird, dann geht die Post ab. Dann werden die Menschen aktiv. Eine Regierung kann bei dieser Entwicklung nur Hilfs- und Nebenträger sein.

GREFE: Aber erst ein sinnvoller Gesetzesrahmen hat die Sache in Deutschland und anderswo in Schwung gebracht!

SCHEER: Natürlich, aber diese Gesetze sind nicht von allein gekommen. Und gute Gesetze, ökonomische Anreize allein nützen überhaupt nichts, wenn die darüber hinaus notwendige Motivationsbasis vieler Investoren fehlt. Der beste Beleg dafür ist Italien. Seit dem 1. Januar 1991 gab es in Deutschland das Stromeinspeisungsgesetz; das hat zumindest bei Kleinwasserkraftanlagen und in der Windenergie sehr schnell viel Aktivität in Bewegung gesetzt! In Italien trat am selben Tag ein Stromeinspeisungsgesetz in Kraft, auf den Weg gebracht von der dort frisch gegründeten EUROSOLAR-Sektion, die damals im Wesentlichen aus Parlamentariern bestand. Dieses Gesetz hat praktisch nichts bewirkt, obwohl die Tarife nicht schlecht waren. Warum? Weil die allgemeine Diskussion über die solaren Möglichkeiten in Italien praktisch noch nicht geführt war, weder von den Parteien noch von den Medien, nicht mal von den Umweltorganisationen. So blieb das Gesetz eine leere Hülse und wurde fünf, sechs Jahre später fast widerstandslos wieder kassiert.

AMERY: Dass wir die Sache laufend in der Diskussion halten, ist sowieso unsere werte Pflicht.

SCHEER: Ich möchte noch weitere Gründe angeben, warum ich davor warne, allein auf die ökonomischen Anreize zu setzen. Erstens ist es kaum vorstellbar, dass es in allen anderen Ländern der Welt in überschaubarer Zeit ausreichend Druck aus der Gesellschaft, politischen Willen, Hartnäckigkeit in der Durchsetzung oder Geld im Staatshaushalt gibt, um ein vergleichbar weit gehendes Programm wie beim Erneuerbare-Energie-Gesetz umsetzen zu können. Zweitens wirken Förderprogramme als Bremse, wenn die Entwicklung schon so weit ist, dass sie sich von selber tragen könnte. Dann wird auf Zuschüsse gewartet, selbst wenn man auch ohne sie investieren würde. Für das solare Heizsystem etwa wären bei Neubauten statt Fördergeldern längst Bauordnungen angebracht, die diese obligatorisch machen. Politischer Mut und neue überzeugend begründbare Verhaltensnormen statt dauerhaft Fördergelder – da muss die Entwicklung hingehen.

Kultur der Störfälle

AMERY: Es darf dabei nicht nur eine Energie gegen die andere, eine Feile aus dem Werkzeugkasten der Zivilisation gegen die andere ausgetauscht werden. Sonst verfehlt die Konversion ihre wesentliche zivilisatorische Chance: die Chance neuen Gemeinschaftsdenkens und neuer Autonomie.

SCHEER: Also einer neuen demokratischen Kultur. Das Faszinosum der solaren Wende als gesellschaftliches Praxisprojekt – das ist ihre große Chance. Das müssen wir immer wieder aufzeigen. Die reale Vision einer unerschöpflichen sauberen Energiebereitstellung muss den Kreis der Expertenwelt sprengen, dann wird sich der jetzt schon sichtbare Schneeballeffekt fortsetzen – denn nur die allgemeine Öffentlichkeit geht unbefangen mit der Idee um. Der schwäbische Unternehmer Friedrich Kopf, der ein ausschließlich mit Photovoltaik betriebenes Fahrgastschiff mit sehr gelungenem Design entwickelt hat, erzählte mir von der Jungfernfahrt. Da habe sich der baden-württembergische Umweltminister Ulrich Müller darüber mokiert, mit der Investitionssumme hätte anderswo mehr Umweltentlastung erreicht werden können. Darauf Kopf: »Herr Minister, Sie vergessen die Psychologie. Die Leute sind von diesem Schiff begeistert!« Und Begeisterung steckt an. Die Fixierung auf die Kosteneffizienz einer Energieinitiative aus volkswirtschaftlichen Produktivitätsgründen ist unsinnig. Diese ökologische Pfennigfuchserei soll angeblich die Ökologie ökonomisch etablieren; ich kreide sie vor allem einem nur segmentiert kalkulierenden Effizienzdenken an. Dieses trennt Investor von Investment, Akteur von Maßnahme, Aktivität von sichtbarem Resultat. Das ist kulturlos.

AMERY: Jeder kann und wird Teil der Entwicklung sein. Dabei scheint mir die Reform des Stiftungswesens außerordentlich bedeutsam, die es von einigen lächerlichen, bürokratischen Vorschriften befreit hat. Damit können Investitionsinitiativen von kleinen Gemeinschaften ausgehen, mit dem, was man in Amerika *community funding* nennt: Ad-hoc-Stiftungen bringen ihre 20 000 Mark zusammen für das erste Familiendach. Oder Kirchendach. Oder Sportanlagendach. Aber auch mit dem Kauf eines solar betriebenen Taschenrechners ist man Energieinvestor, jedes einzelne Solargerät ersetzt ein herkömmliches. Jeder Schritt ist ein kleiner Störfall, zunächst sind es vielleicht Tausende, dann Millionen und Milliarden. So kann eine dezentralisierte Solarkultur über Entscheidungen von unten aufsteigen – und auf Dauer die Ablösung des Energiesystems bewirken.

SCHEER: Die Frage ist, ob diese Ablösung rechtzeitig kommt oder erst nach irreversiblen Katastrophen.

GREFE: Woher aber nehmen Sie Ihre Hoffnung auf Engagement in einer Gesellschaft, als deren dominante Werte Sie Individualismus, Beschleunigung und kurzfristige Gewinnmaximierung genannt haben?

AMERY: Ich glaube, dass sich längst Gegenkräfte formieren. Es wurde bereits auf Sten Nadolnys »Entdeckung der Langsamkeit« angespielt, und selbst in der harten Ökonomie denkt man über Entschleunigung nach – schließlich werden die immer kürzeren Abstände zwischen neuen Modellen etwa in der Software (wie in der Hardware) zum immer gefährlicheren Absatzrisiko. Peter Glotz, der durchaus auf Seiten der »digitalen Beschleuniger« steht, sieht sogar eine Ideologie der Entschleunigung heraufdämmern, als deren Propheten er etwa meinen Freund Peter Kafka bezeichnet; und in Berlin gibt es mit den »Glücklichen Arbeitslosen« eine sehr ironisch-selbstbewusste kleine Gruppe, die ihre Lage zumindest auch als Chance begreift. Immer mehr Leute wollen bewusst aus der Tretmühle aussteigen, und es ist angesichts des immensen Reichtums der Gesellschaft auch gar nicht einzusehen, warum das nicht gehen soll. Eine entschleunigte Subkultur, die sich sozusagen nebenbei die Freiheit der eigenen Energieproduktion erarbeitet: Das wäre ein fruchtbarer Störfall.

Scheer: Die große Frage ist: Wie schaffen wir den Homo oecologicus statt des Homo oeconomicus? Und zwar nicht nur bei den aus dem ökonomischen Wettlauf Ausgestiegenen, nicht als Protestentwurf, sondern als Leitmotiv für die gesamte Gesellschaft

Amery: Der Robinson Crusoe, der ist das typische Menschenbild dieses Homo oeconomicus. Da sitzt der Wilde am Fluss und schnappt sich einen Fisch, und das ist es, mehr braucht er nicht. Aber der Wilde steigt höher auf, schnappt sich zwei Fische, dann braucht er am nächsten Tag keinen mehr zu schnappen, sondern am nächsten Tag bastelt er an einer Angel. Auf diese Weise akkumuliert er, und am Schluss hat er genug geräucherte Fische rumhängen, dass er sich einen Einbaum bauen kann. Diese Fixierung darauf, dass alles immer mehr wird, immer besser, ist anthropologisch total unsinnig. Jahrzehntausendelang haben die Menschen davon gelebt, dass sie sich das Notwendige in, sagen wir, einhalb Stunden aus den Baumstämmen rausgegrabscht haben – und dann wurde erzählt und gesungen und gelebt und alles Mögliche erdacht, um die Welt zu erklären, sie in Tänzen und Festen zu zelebrieren und zu beschwören. All diese Aspekte des Seins werden vom Homo oeconomicus übersehen. Es herrscht die Tyrannei einer isolierten Interpretation menschlicher Bedürfnisse.

SCHEER: Dabei gibt es wahrscheinlich keinen einzigen Menschen, der ausschließlich lustorientierte oder ökonomische Motive verfolgt. Es gibt kein ökonomisches Motiv, einen Roman zu lesen; es gibt kein ökonomisches Motiv, sich mehr als irgendeine schmucklose Baracke zuzulegen, sich ein Bild zu kaufen, ins Theater oder ins Popkonzert zu gehen. Deswegen steht am Anfang des ökologischen Wegs der entschiedene, offene Widerspruch gegenüber diesem völlig einseitigen Menschenbild! Leider haben selbst einige Ökologisten damit angefangen, auch die ökologische Frage sklavisch an das ökonomische Nutzenmotiv zu koppeln. Das politische und ideelle Ziel, die Welt vor einer Katastrophe zu retten und mit der Natur in Einklang zu leben, auf Gedeih und Verderb gerade von der ökonomischen Ratio abhängig zu machen – das ist eine fatale Selbsterniedrigung des ökologischen Denkens.

AMERY: Andererseits kann man den Stellenwert des individuellen ökonomischen Nutzendenkens, das es zu überwinden gilt, wohl kaum überschätzen. Ich habe mal einen Artikel über den Riesenbestand an Erbe in Höhe von mindestens zweieinhalb Billionen Mark geschrieben, der in den nächsten Jahren auf die nächste Generation übergeht. Darin habe ich aufgezeigt, wie widersinnig es eigentlich ist, mit dem Ziel, seinen Kindern ein besseres Leben zu ermöglichen, einen Reichtumserwerb zu betreiben, der ihre zukünftige Lebensqualität zugleich garantiert zerstören wird. Infolgedessen sei die günstigste Erbschaft, die ich hinterlassen kann, beispielsweise eine Energiestiftung. So habe ich es selbst übrigens mit einer kleinen Erbschaft praktiziert und die Aktivitäten in Schönau mit unterstützt, jenem Schwarzwald-Ort, der sein Stromnetz selbst freigekauft hat. Woraufhin ich aber von Freunden die bittersten Vorwürfe bekam: Wie kannst du das deinen Kindern antun! Da zeigt sich mehr als altes Clandenken. Dieses überindividuelle, ideelle Motiv trifft auf eine Denksperre.

GREFE: Das Private ist heilig, und alles soll immer mehr werden. Wie durchbricht man diese Grundhaltung? Die 68er haben das ja, zumindest in einem bestimmten Gesellschaftssegment, vorübergehend geschafft...

SCHEER: Das ganze Erleben der 68er Zeit hat meines Erachtens ein eindimensionales Bewegungsverständnis hinterlassen, in Erinnerung an spektakuläre Straßenaktionen. Bewegung kann sich aber auch unspektakulär entfalten: immer wenn ein Bedürfnis in der Gesellschaft unbefriedigend beantwortet wird, wenn eine neue Antwort aufkommt und von immer größeren Teilen der Gesellschaft aufgenommen wird, sodass immer mehr Menschen an diesem Strang ziehen, bis sich breite Kommunikationen und neue Korrespondenzen ergeben. Diese letztere Form der Bewegung ist viel eher charakteristisch für das, was man unter kulturellem Wandel versteht, der in immer mehr Bereiche der Gesellschaft einsickert und diese langsamer oder schneller durchtränkt, hin zu neuen individuellen oder gesetzlichen Normen.

AMERY: Ich denke, dass es selbst in unserer weithin monetarisierten Gesellschaft noch genug ideeller und überindividueller Motive gibt. Nicht zufällig weitet beispielsweise die von den Anthroposophen gegründete »Gemeinschaftsbank für Leihen und Schenken« (GLS) ihre Aktivitäten beständig aus.

Der solare Fünfkampf

SCHEER: Am wichtigsten ist, unsere vor allem auf Ferien und Freizeit bezogene Sehnsucht nach der Sonne auf das gesamte Wirtschafts- und Gesellschaftsleben zu übertragen. Wir leben ja, ohne es uns bewusst zu machen, in einer solaren Kultur: Die aktivste Zeit ist der Tag, Weihnachtsrituale entspringen der Sehnsucht nach Licht, der helle Sonnentag steht für alles Positive und Sonnenverhangenheit für Tristesse. Die Sonne ist in Liedern, Bildern, Büchern, Häusern der verschiedensten Weltregionen die entscheidend kulturbildende Kraft. Nur ließen wir zu, dass diese Prägung seit dem Beginn der industriellen Revolution, mit der die fossile Energiewirtschaft entstand und schließlich hegemonial wurde, völlig auf die Freizeit – die nicht ökonomische Lebenszeit – abgedrängt wurde. Wir müssen sie wieder integrieren.

GREFE: Ein ganz anderer praktischer Ansatz zielt auf die Unternehmen. Immer mehr Umweltorganisationen sagen: Der Staat, die Parteien, der ganze demokratische Prozess ist uns zu langsam – wir verhandeln lieber direkt mit den großen Konzernen. Je konzentrierter die sind, desto effizienter können wir auf sie einwirken: Die ökologisch Gutwilligen werden von uns gelobt und dürfen unseren Stempel tragen – die ökologisch ruinös Wirtschaftenden werden mit den klassischen Methoden der kritischen Öffentlichkeit an den Pranger gestellt. Ist dieses Prinzip Zuckerbrot und Peitsche eine sinnvolle Strategie?

SCHEER: Schon – aber auch nur bedingt. Ich nenne ein Negativbeispiel: Die Lufthansa hat mal einen Umweltpreis gekriegt dafür, dass sie die Abfälle, die bei jedem Flugpassagier anfallen, entsorgt. Das gibt der Lufthansa die Möglichkeit, sich als umweltbewusstes Unternehmen hinzustellen. Doch dieselbe Fluggesellschaft betreibt zugleich wie alle anderen eine massive Expansionsstrategie, und der Flugverkehr ist nun mal wegen seiner Emissionen in der Stratosphäre die am lautesten tickende globale ökologische Zeitbombe. Warum soll man das mit dem Etikett »ökologisch« schmücken?

GREFE: Umweltverbände könnten aber auch auf Fluggesellschaften Druck ausüben, bis sie Bereitschaft zeigen, ihre Treibstoffbasis zu ändern.

SCHEER: Das ist der richtige Ansatz. Mir fällt bei diesen Kooperationen nur auf, dass häufig Nebenaspekte ins Scheinwerferlicht gestellt und die Hauptprobleme ausgeklammert werden. Grundsätzlich ist es natürlich richtig, Unternehmen in die Mitverantwortung zu drängen. Das unter anderem ist es ja, was ich mit der Senkung der Peinlichkeitsschwelle meine. Die spektakuläre (wenn auch nicht ganz unumstrittene) Greenpeace-Aktion auf der Brent Spar und die Offenlegung der umweltzerstörerischen Aktivitäten des Konzerns in Nigeria etwa waren für Shell ziemlich peinlich. Als Folge stieg die Firma ins Solargeschäft ein. Dass daraufhin allerdings die Aufmerksamkeit für den Fortlauf der Dinge in Nigeria nachließ, schien mir zu arglos. Aber Peinlichkeit muss sich auch auf der Konsumentenseite ändern. In den USA ist es gelungen, die Peinlichkeitsschwelle für Raucher so zu verschärfen, dass man sich kaum mehr eine Zigarette aus der Tasche zu ziehen traut. Wenn die überzeugten Nichtraucher dann aber gleichzeitig einen Concorde-Flug buchen, ist das ein peinliches Missverständnis. Vielfliegerei, Stromheizungen, vieles muss peinlicher werden. Das Bauen fossiler Energieschleudern, der Flugtrip auf die letzten noch paradiesischen Inseln, die deshalb umso schneller unter Wasser verschwinden, das ist alles peinlich.

GREFE: Der Terror der politischen Correctness?

SCHEER: Der modische »PC«-Vorwurf macht es leicht, wirklich alles zu rechtfertigen. Wenn jemand raucht, trinkt oder Drogen nimmt, so ist das sein Problem. Bei der Luftverpestung, gar Klimaveränderung oder radioaktiven Verseuchung geht es um eine eklatante Gefahrensteigerung für wehrlose Nichtbeteiligte.

AMERY: Ich würde gern hinzufügen, dass man sich unerschrocken auch die pädagogischen Notwendigkeiten und Möglichkeiten ansehen muss. Natürlich gibt es längst regulär das Thema Ökologie an den Schulen – aber die hängen den Kindern oft genug schon zum Hals raus und wirken kontraproduktiv. Ich erinnere zum Vergleich an den Klassiker-Terror im Deutschunterricht, der einen dann jahrzehntelang daran hindern kann, Goethe zu lesen. Viel wichtiger als punktueller Unterricht dieser Art wäre der Perspektivenwechsel in sozusagen »normalen« Fächern. Ich denke in erster Linie an Geschichte (weil ich davon ein wenig verstehe). Die Franzosen Braudel und Ladurie etwa haben hier methodisch außerordentlich viel umgekrempelt. Ein Beispiel: Man assoziierte den beginnenden Niedergang Spaniens mit der Niederlage der Armada 1588 in der Irischen See; langfristig grauenvoller jedoch wa-ren die Folgen des Baus der Armada – dafür wurden die letzten großen Wälder auf den Sierras abgeholzt, die bekannte Wüstenbildung vor allem in Kastilien setzte ein. Für ganz entscheidend halte ich auch die Diskussion von Strategien der Entscheidungsfindung im Sinne von Dietrich Doerners Buch »Logik des Misslingens«. Sie schafft die notwendige Nüchternheit im Umgang mit dem sogenannten Fortschritt.

SCHEER: So wichtig alles in der Pädagogik ist, was schon von Kindesbeinen an vermittelt wird; so gewiss es ist, dass Umwelterziehung mehr sein muss als die Warnung, keinen Plastikbecher mehr in den Wald zu werfen: Auf die Kinder können wir nicht warten. Die Zeit ist knapp, die wichtigsten Weichenstellungen müssen im ersten Quartal unseres Jahrhunderts stattfinden. Deshalb sind Postgraduierten-Studien für Physiker, Chemiker, Architekten, Ingenieure und Weiterbildungslehrgänge für Landwirte und Handwerker von vermutlich noch größerer Bedeutung; zudem Versuche, der Designerzunft einen Solar-Kick zu geben.

GREFE: Solare Kultur, solare Gesellschaft bedeutet ganz vorrangig den Ausbau der Landwirtschaft als Rohstoffproduzent für Energieerzeugung und ökologische Chemie. Wir haben aber festgestellt, dass der primäre Sektor kulturell nicht mehr viel gilt; selbst Öko-Bauern gelten bei ihren Kunden in der Stadt zwar vielleicht als nützlich, aber eher rückständig. Wie überwindet man diese agrikulturelle Entfremdung?

AMERY: Die Bauern sind ja längst selbst von der Natur und ihrer Arbeit entfremdet. Im fetten Niederbayern, das nur noch ein flächendeckendes Maisfeld ist mit den entsprechenden Pestiziden, da wissen die Bauern genau, wann die Wasserkontrolle kommt für die Hausbrunnen, und am Tag vorher verteilt der Bürgermeister Pillen, um die Brunnen zeitweise zu sterilisieren. Augen zu und durch. Die Bauern wollen Produktionsflächen, mit Ökologie und Naturschutz kann man denen kaum kommen.

SCHEER: Für die Landwirtschaft ist ein neues Leitbild nötig, in dem sie nicht mehr als Restgröße, sondern als unersetzbare Basiswirtschaft erscheint. Die Landwirtschaft als erneuerbare Nahrungs-, Energie- und Rohstoffwirtschaft, und dies in regionalisierten Strukturen. Sonst gibt es keine ökologischen Kreisläufe. Die seit der BSE-Krise nun breiter geforderte Transparenz der Produktwege ist nur auf regionaler Ebene möglich.

AMERY: Im Zusammentreffen mit der Verzweiflung der Landwirte über ihre kontinuierliche Verdrängung kann das ein Fenster in die Zukunft öffnen. In den dreißig Jahren, in denen wir teilweise auf dem Dorf wohnten, war diese wachsende Resignation deutlich zu spüren. Dass ein Vater zu seinem Sohn sagt: »Werd mir bloß kein Bauer«, das war zumindest in bayerischen Regionen etwas ganz und gar Neues.

SCHEER: Als positiv wird immer jene Arbeit bewertet, in der neue Jobs entstehen. Und mit dem eben geforderten Leitbild passiert genau das: Immer mehr Menschen, einfach Ausgebildete wie Ingenieure, werden dann in der Landwirtschaft, in der Weiterverarbeitung zu natürlichen Vorprodukten für die pharmazeutische und die Farb-Industrie und zur energetischen Biomassenutzung gebraucht. Jeder Jungbauer macht sich heute Gedanken, ob und unter welchen Voraussetzungen er den elterlichen Betrieb weiterführen kann. Wenn er dieses Ziel vor Augen hat, dann landet er, mittel- und längerfristig denkend, automatisch bei den Chancen der Bioenergie und solaren Rohstoffe. Leider kommt bei all diesen Schritten als Pawlowscher Reflex immer die Angst vor der Monokultur.

GREFE: So abwegig finde ich diese Angst nicht. Es müssen ja mehr noch als jetzt schon große Mengen des Gleichen produziert werden; Biomasse und pflanzliche Rohstoffe kommen zur Lebensmittelproduktion noch hinzu.

Scheer: Aber diese Monokulturen haben wir gerade heute! Es werden doch im Wesentlichen nur noch fünf Pflanzen angebaut: Mais, Raps, Kartoffeln, Roggen, Weizen. Aber dann käme Hanf dazu, Graskulturen, Zuckerhirse und C4-Pflanzen als Bioenergie, unzählige Nutzpflanzen, immer mehr verschiedene Pflanzenkulturen für einen stofflichen Produktbedarf à la carte. Es kann also viel mehr Vielfalt beim Anbau geben. Vielleicht nicht in jedem einzelnen Betrieb, aber in der jeweiligen Region. Jedenfalls wird die Landwirtschaft mit den neuen Arbeitsplätzen auch eine neue Bewertung erfahren. Monokulturen und Agroindustrien entstanden noch ohne Bioenergie – durch die schrankenlose Öffnung der Agrarmärkte auf den Gebieten der Futter- und Grundnahrungsmittel und die Degradierung der Landwirtschaft zum Rohstofflieferanten für die Lebensmittelindustrie. Diese Entwicklung ist ökonomisch, ökologisch, sozial und kulturell desaströs. Allein die Regionalisierung der Agrarmärkte kann die Landwirtschaft retten. Geht sie zugrunde, dann verspielen wir die Zukunft insgesamt.

Amery: Übrigens, um auch mal den konventionellen Zweck der Landwirtschaft zu erwähnen, die Lebensmittelproduktion: Ich denke, dass man mit einem durchdachten Gourmetansatz für die Ökologie sehr viel tun könnte. Irgendwann hat man ja mal damit begonnen, die Ökologisten zu denunzieren als Menschen mit mangelnder Lebensfreude, wobei manche ortodoxen Umweltschützer dafür leider auch das Material geliefert haben.

Grefe: In der Tat scheinen Ästhetik, Sinnlichkeit und Ökologie vielen offenbar als unvereinbar. Aber zurück zu den Trägern: Gourmets, Landwirte, Hausbesitzer, Kirchen, Architekten, Konsumenten sollen also die Solarkultur vorantreiben. Aber wer macht im zentralen Bereich der Gesellschaft mit: der Wirtschaft?

Scheer: Es gilt, all jene anzusprechen, die bei umsichtigem Denken erkennen müssen, dass sie ihre immateriellen Motive und materiellen Interessen nicht auf Dauer verfolgen können, wenn sie nicht Mitträger der solaren Entwicklung werden. Ich denke, wir brauchen ein Bewusstsein der Mehrdimensionalität, um den solaren Attentismus zu überwinden. Ich nenne das den »Solaren Pentathlon«, einen Fünfkampf. Der gigantischen ökologischen Weltkrise müssen wir ein ebenso gigantisches Konzept entgegensetzen, auch wenn dieses aus zahllosen kleinen Schritten bestehen muss. In der von EUROSOLAR herausgegebenen Zeitschrift »Solarzeitalter« veröffentlichen wir gerade eine Serie über Konzepte der Vollversorgung der Gesellschaft mit erneuerbaren Energien, also Hundert-Prozent-Szenarien – die Aufklärung dieses Horizonts ist der Hochsprung, die erste Disziplin. Die zweite Disziplin ist Geschwindigkeit: Wir müssen die praktische Phantasie mit Projekten anregen, die zeigen, dass die Ablösung des konventionellen Energiesystems nicht ein Jahrhundert dauern muss. Ich erinnere an Martin Luther King, der der schwarzen Bürgerbewegung Mut machte, dass die Gleichberechtigung nach weit mehr als hundertjähriger Unterdrückung schnell kommen könne: »How long?«, fragte er in einer seiner eindrucksvollsten Reden, immer wieder, und antwortete jedesmal rhythmisch: »Not long!« Die dritte Disziplin ist, den revolutionären Unterschied zwischen herkömmlicher und solarer Energienutzung aufzuzeigen: die Möglichkeit, dass man von Energieketten unabhängig werden kann. Carl Amery hat es schon angedeutet: In Handtelefonen, PCs und vielen anderen Elektrogeräten, die ihren Strom mit Hilfe integrierter Solarmodule selber erzeugen und ganz ohne Netze, sogar ohne Kabel auskommen, liegt ein Potenzial, das allein in Deutschland ein Drittel der Kraftwerke gänzlich überflüssig machen könnte; in Häusern, die als Solarkollektoren konzipiert sind, Unternehmen, die sich mit Hilfe neuer Speichermöglichkeiten ihren gesamten Strom aus eigenen Windkraftanlagen selbst besorgen, in Strom, Wärme und Treibstoffen aus Stadt- und Landwerken, die erneuerbare Energien nutzen, stecken noch viel mehr Möglichkeiten. Die vierte Disziplin ist die ästhetische Herausforderung. Die Energiebereitstellung ist nicht mehr anonym, sie wird wieder sichtbar. Dass die lichte Solartechnik der fossilen im Übrigen ästhetisch prinzipiell überlegen ist, liegt auf der Hand. Denn fossile Energien bedeuten rauchende Schornsteine, Ruß, Staub, Schwefelgestank, Ölfilme im Wasser, sterbende, ölverschmierte Vögel, verarmte und verbrauchte Landschaften, die dunklen Farben Grau, Schwarz, Braun. Dabei sind die ästhetischen Möglichkeiten der Solaranlagen noch längst nicht ausgeschöpft; sie müssen als Kunst verstanden werden. Spätestens dann wird die Frage, ob sie sich rechnen, immer weniger gestellt werden. Es ist eben nicht egal, wie uns manche Umweltökonomen einreden, an welcher Stelle der Welt die Energieemissionen stattfinden. Gerade weil die Sprache durch Beliebigkeit ihren Kommunikationswert eingebüßt hat, nimmt die Bedeutung der bildhaften Ästhetik zu. Eine Solaranlage in der Dritten Welt ist sicher kostenproduktiver eingesetzt als in Berlin, Rom oder New York. Aber in den Metropolen, ohne deren energetische Umgestaltung wir nicht weiterkommen, sind sie breit ausstrahlende Symbole für eine neue Zeit. Die fünfte Disziplin ist die Spaltung der Wirtschaft. Unter ihren Akteuren sind drei neue elementare Unterschiede zu den konventionellen zentralistischen Energieanbietern relevant: der erste ist der Wechsel zu dezentralen Energieanbietern, der zweite der Trend zur autonomen Energienutzung. Und der dritte ist, dass die Produzenten von Energietechniken – vom Automobilsektor bis zur Elektrogeräteindustrie und der Haus- und Bautechnik – unabhängig von der konventionellen Energiebereitstellung werden. Sie alle sind gegenwärtig noch in der strukturellen Gefangenschaft der Energiekonzerne und können sich selbst kaum anders denken. Doch wenn sie sich nicht aus den Versorgungsketten befreien, werden sie auch mit diesen untergehen. Besonders für die Technikproduzenten sind erneuerbare Energien die große Chance. Mit der Produktion solarer Energiewandler und Nutzungstechniken können sie sich unabhängig entfalten.

AMERY: Spalten statt versöhnen: Das klingt so herrlich nach Wahrheit, weil es sich so offensichtlich gegen die nie offen formulierte Totalitarismusformel unseres Zeitgeists stellt.

SCHEER: Johannes Rau hat sein Motto 1987 als SPD-Kanzlerkandidat – versöhnen statt spalten – zwar anders gemeint. Er hat es gegen die Spaltung der Gesellschaft zu wenden versucht. Doch in der Tat: Heute wird dieser Satz immer wieder zitiert, um Widersprüche glattzubügeln. Auch Gerhard Schröders Credo als Kanzler war stets die Konsenssuche zwischen Regierung und gesellschaftlichen Machtträgern. Doch den durch die BSE-Krise ausgelösten Versuch einer grundlegenden Abkehr von der jahrzehntelangen Agrarindustrialisierung kommentierte er jetzt: »Natürlich wird es Kontroversen geben, aber die sind nötig, um neue Entwicklungen einzuleiten.« Dem ist nichts hinzuzufügen.

AMERY: Versöhnen statt spalten, das heißt im Klartext: Es gibt halt keine Alternative, wir müssen weiterwursteln, machen wir's uns wenigstens gemütlich dabei, bis zur Sintflut. Nun: Erstens ist's alles anderes als gemütlich, und für unsere Enkel wird es zweitens noch wesentlich ungemütlicher, keine Virtualität wird den fehlenden Sauerstoff ersetzen können. Aber in dem Augenblick, wo der Haarriss in der Betonwand der Alternativlosigkeit erkennbar wird, gilt es zu spalten – den Keil hineinzutreiben, der den Weg freilegt, der in eine humane und naturverträgliche Zukunft führt.

© Verlag Antje Kunstmann GmbH, München 2001
Umschlaggestaltung: Michel Keller, München
Satz: Schuster & Junge, München
Druck & Bindung: Pustet, Regensburg
ISBN 3-88897-266-3